DEUTSCHE AKADEMIE DER WISSENSCHAFTEN ZU BERLIN

Veröffentlichungen der Sternwarte in Sonneberg

Band 4
Heft 3

W. GÖTZ, H. HUTH

Die veränderlichen Sterne der nördlichen Milchstraße Teil X

Akademie-Verlag GmbH · Berlin 1958

W. Götz, H. Huth

Die veränderlichen Sterne der nördlichen Milchstraße Teil X

Veröffentlichungen der Sternwarte in Sonneberg · Band 4 Heft 3

DEUTSCHE AKADEMIE DER WISSENSCHAFTEN ZU BERLIN

Veröffentlichungen der Sternwarte in Sonneberg

Band 4
Heft 3

W. GÖTZ, H. HUTH

Die veränderlichen Sterne der nördlichen Milchstraße
Teil X

Akademie-Verlag GmbH · Berlin 1958

Erschienen im Akademie-Verlag GmbH, Berlin W 8, Mohrenstraße 39
Lizenz-Nr. 202 · 100/257/58
Gesamtherstellung: VEB Druckerei „Thomas Müntzer" Bad Langensalza
Bestell- und Verlagsnummer: 2006/IV/3
Preis: 7,50 DM
Printed in Germany

Einleitung

Die Bearbeitung der Felder als solche geht ihrem Abschluß entgegen; jedoch sind innerhalb der einzelnen Felder noch umfangreiche Aufgaben zu lösen. Die Entwicklung der Lehre von den Sternpopulationen zwingt dazu, eine saubere Trennung der Hauptreihenveränderlichen von denjenigen des Riesenastes anzustreben, was nur durch eine gründliche Untersuchung jedes zweifelhaften Einzelfalles geschehen kann. Insbesondere ist es oft sehr schwierig, schwache RR Lyrae-Sterne von schwachen unperiodisch-raschwechselnden Veränderlichen, Algolsterne kleiner Amplitude bei Seltenheit der Minima von „algol-ähnlichen“ Objekten zu unterscheiden. Dies kann nur durch dichte Reihenbeobachtungen geschehen, wofür die Sternwarte seit August 1945 kein geeignetes photographisches Instrument mehr besitzt, nachdem sich die im Frühjahr 1952 in Dienst gestellte Schmidt-Kamera 50/70/172 cm zwar als recht nützlich, im Gesamtplan aber wegen des kleinen Feldes als zu wenig wirksam erwiesen hat. Über die Maßnahmen zur Behebung dieses Mangels wird bei späterer Gelegenheit zu berichten sein, doch enthält vorliegendes Heft ebenso wie das vorausgegangene bereits einige Ergebnisse von Neubearbeitungen früher unerledigt gebliebener Fälle.

Sonneberg, Juli 1957 C. HOFFMEISTER

Übersicht der bearbeiteten Felder

Bezeichnung	Galakt. Koordinaten l b	Äquinoktium 1925 α δ	Anzahl der Platten	Zeitabschnitt 24.....	Anzahl der Sterne	davon unerledigt	Bearbeiter
φ_2 Ori	164°—10°	83.2 +9.3	229[1])	29642—35549	18	1	W. Götz
φ_2 Ori (Erg.)					20	5	W. Götz
6^h59^m—6°	187 + 1	104.6 —5.6	137	25246—35164	33	7	H. Huth

[1]) Darunter 27 Aufnahmen mit der Schmidtkamera 50/70/172 cm. Für helle Sterne wurden auch Aufnahmen der Himmelsüberwachung verwendet.

Verteilung der Veränderlichen auf die Haupttypen

(unter Auslassung der Sterne mit Kennzeichnung „Unbekannt“ und „Unveränderlich“)

Feld	Bedeckungs-veränderliche n %	Kurz-periodische (δ, RR) n %	Lang-periodische n %	Halbregel-mäßige mittl. Per. n %	Unregel-mäßige n %	U Gem-Sterne n %	RW Aurigae Sterne n %	Summe
φ_2 Ori	1 (6)	1 (6)	1 (6)	1 (1)	8 (44)	—	6 (33)	18
φ_2 Ori (Erg.)	6 (30)	4 (20)	3 (15)	1 (5)	1 (5)	—	5 (25)	20
6^h59^m—6°	12 (37)	5 (15)	9 (27)	—	5 (15)	—	2 (6)	33

Feld φ_2 Orionis

W. Götz

Nr.	Name	α 1855.0	δ 1855.0	Art	Phase	Epoche 24 . . .	Periode	Max.	Min.
3116	S 3714 Ori	$5^h 15^m 30^s$	$+12° 35'$	U	—	—	—	$14^m.2$	$15^m.8$
3117	S 3715 Ori	5 16 18	+ 6 10.0	H	Max	30350 31373	186^d	12.5	14.5
3118	S 3716 Ori	5 20 27	+ 8 33.9	U	—	—	—	12.3	13.5
3119	V 370 Ori	5 21 48	+12 5	RW	—	—	—	13.7	16.1
3120	GY Ori	5 22 6	+12 0	RW	—	—	—	13.4	15.5
3121	HK Ori	5 23 24	+12 2.3	RW	—	—	—	11.1	13.3
3122	S 3719 Ori	5 25 36	+12 3	RW ?	—	—	—	13.7	15.4
3123	S 3720 Ori	5 27 12	+13 23	U	—	—	—	11.9	13.3
3124	S 3721 Ori	5 31 11	+ 9 20.3	RW ?	—	—	—	14.1	16.3
3125	S 3722 Ori	5 32 34	+12 43.8	U	—	—	—	14.1	15.0
3126	S 3723 Ori	5 33 32	+ 9 2.4	U ?	—	—	—	14.4	15.8
3127	S 3724 Ori	5 35 26	+ 9 0.9	K	—	—	—	13.9	14.6
3128	S 3725 Ori	5 36 13	+11 44.6	U	—	—	—	13.0	14.5
3129	S 3726 Ori	5 36 16	+ 6 53.1	U	—	—	—	11.7	13.3
3130	QS Ori	5 37 29	+12 12.4	L	Max.	30710	476	12.0	[16.5
3131	QT Ori	5 39 18	+ 5 50	A	Min.	31027.529	2.3143175	13.0	14.8
3132	S 3729 Ori	5 42 43	+ 9 15.5	RWs	—	—	—	14.1	15.2
3133	S 3730 Ori	5 44 53	+13 4.4	U	—	—	—	12.9	13.6

Feld φ_2 Orionis

Zusätzliche Sterne aus Platten des Astrographen 400/1600 mm

W. Götz

Nr.	Name	α 1855.0	δ 1855.0	Art	Phase	Epoche 24...	Periode	Max.	Min.
3134	S 3913 Ori	$5^h\ 9^m 51^s$	$+\ 5°50'.3$	A?	—	—	—	$16^m.0$	$[17^m.3$
3135	S 3914 Ori	5 10 30	+13 49	RRa	Max.	30321.479	$0^d.833224$	12.1	13.3
3136	S 3915 Ori	5 13 00	+12 35	L	Max.	30330	340	14.9	[16.5
3137	GV Ori	5 15 42	+14 24	L	Max.	30500	313:	12.4	[16.5
3138	S 3917 Ori	5 20 38	+ 4 14.2	K	—	—	—	14.1	14.6
3139	S 3918 Ori	5 23 12	+11 18	K	Min.	30259.622	0.441990	14.8	15.7
3140	HI Ori	5 23 18	+12 3	RW	—	—	—	13.9	15.3
3141	HM Ori	5 23 42	+12 10	RW	—	—	—	13.6	15.6
3142	S 3921 Ori	5 24 12	+12 2	RW	—	—	—	14.8	[16.7
3143	S 3922 Ori	5 24 30	+12 12	RWs?	—	—	—	14.5	15.5
3144	S 3923 Ori	5 28 51	+10 27.7	L?	—	—	—	16.2	[17.5
3145	S 3924 Ori	5 30 2	+12 27.6	β	Min.	30261.601	2.572514	15.0	15.9
3146	S 3925 Ori	5 34 18	+ 8 39.2	H	Max.	30325	139	13.8	[16.0
3147	S 3926 Ori	5 34 44	+11 2.6	A	—	—	—	12.9	13.4
3148	S 3927 Ori	5 35 58	+ 9 13.1	A	Min.	31003.573	3.107540	12.6	13.0
3149	QR Ori	5 36 12	+ 9 4.9	RW	—	—	—	13.3	16.3
3150	S 3929 Ori	5 39 15	+10 1.4	U	—	—	—	12.4	13.8
3151	S 3930 Ori	5 42 33	+10 20.8	β	Min.	30259.622	2.081649	14.3	15.1
3152	S 3931 Ori	5 47 00	+ 4 50	K	—	—	—	12.7	13.9
3153	S 3932 Ori	5 47 56	+ 7 48.0	A	Min.	30431.335	5.383059	13.3	14.0

Feld $6^h 59^m$ –6°

Zusätzliche Sterne aus Platten des Astrographen 400/1600 mm

H. Huth

Nr.	Name	α 1855.0	δ 1855.0	Art	Phase	Epoche 24...	Periode	Max.	Min.
3154	S 4033 Mon	$6^h34^m15^s$	$-4°27'.9$	L	—	—	—	$12^m.5$	$13^m.8$
3155	GS Mon	6 35 18	—9 33	L?	—	—	—	15.5	[16.3
3156	GT Mon	6 35 20	—1 34.3	L	—	—	—	13.2	14.2
3157	S 4035 Mon	6 39 50	—7 7.5	BV	—	—	—	14.2	14.5
3158	S 4036 Mon	6 39 56	—3 49.6	U	—	—	—	15.0	16.2
3159	S 4037 Mon	6 40 14	—8 17.7	U	—	—	—	14.7	15.5
3160	S 4038 Mon	6 41 34	—3 27.1	RR?	—	—	—	13.7	14.5
3161	SVS 898 Mon	6 41 42	—1 30.1	U	—	—	—	12.8	13.6
3162	GW Mon	6 42 51	—9 26.1	L	—	—	—	14.0	[16.5
3163	S 4040 Mon	6 43 12	—1 19	L?	—	—	—	14.8	15.8
3164	S 4041 Mon	6 44 11	—2 35.9	BV?	—	—	—	15.4	16.1
3165	S 4042 Mon	6 44 50	—1 27.6	β	Min.	25622.508	$0^d.995884$	12.3	12.8
3166	S 4043 Mon	6 46 12	—7 10.4	BV	—	—	—	13.2	13.5
3167	S 4044 Mon	6 49 32	—7 35.5	U	—	—	—	12.5	13.5
3168	S 4045 Mon	6 49 58	—7 57.8	RWs	—	—	—	14.5	15.7
3169	HL Mon	6 55 32	—1 32.0	RRa	Max.	30404.381	0.4992360	14.2	15.2
3170	MV Mon	6 56 23	—2 58.8	L	Max.	30745	184.4	12.0	13.1
3171	S 4048 Mon	6 57 19	—1 43.0	W	Min.	29634.435	0.63805	14.8	15.3
3172	HN Mon	6 57 33	—8 44.5	L	Max.	26631	410	13.7	[16.0
3173	S 4050 Mon	6 59 27	—0 27.8	A	Min.	30784.37	1.120634	12.5	13.1
3174	S 4051 Mon	7 2 5	—5 37.3	L	Max.	25641	324	15.1	16.3
3175	S 4052 Mon	7 5 18	—3 29.5	RRa	Max.	30735.513	0.333534	14.9	15.8
3176	MX Mon	7 5 23	—4 12.8	β	Min.	30130.215	0.686446	11.6	12.4
3177	S 4054 Mon	7 5 52	—8 44.4	W?	—	—	—	13.7	14.0
3178	65.1933 Mon	7 7 23	—2 44.8	U	—	—	—	12.7	13.5
3179	S 4055 Mon	7 7 37	—9 5.8	As	—	—	—	13.8	14.3
3180	S 4056 Mon	7 8 15	—1 40.8	β	Min.	30784.40	1.0307	14.6	15.0
3181	S 4057 Mon	7 10 22	—5 25.9	RRb	Max.	30787.33	0.502165	15.6	[16.2
3182	S 4058 Mon	7 12 8	—5 46.2	A	—	—	—	14.5	14.9
3183	HU Mon	7 12 19	—1 44.5	A	Min.	29640.484	5.88148	13.0	14.5
3184	NO Mon	7 12 56	—3 57.7	L	Max.	30108	133	13.4	[15.3
3185	HV Mon	7 13 36	—6 14	A	Min.	30130.3868	4.54851	13.2	[14.7
3186	SVS 903 Mon	7 15 8	—4 51.6	RRb	Max.	30735.415	0.464331	12.5	12.9

Feld δ Aquilae

Nachbearbeitung von 10 Sternen

W. GÖTZ

Nr.	Name	α 1855.0	δ 1855.0	Art	Phase	Epoche 24...	Periode	Max.	Min.
43	V 362 Aql	$19^h17^m27^s$	−1°21′.6	RV	Min.	35377	68^d	13ᵐ1	14ᵐ7
54	V 374 Aql	19 22 46	−1 07.6	RWs	—	—	—	15.1	15.8
58	V 378 Aql	19 23 52	−0 56.4	U	—	—	—	13.6	14.5
96	80.1930 Aql	19 15 26	−1 18.9	β	Min.	35369.358	0.797102	13.0	14.0
105	96.1930 Aql	19 20 9	−1 19.3	RRa	Max.	29458.400 34548.507	0.4955033	13.3	14.3
107	100.1930 Aql	19 21 23	−1 04.1	RW	—	—	—	13.9	14.6
111	V 416 Aql	19 26 18	+0 14	A	Min.	25535.322	1.338053	13.7	15.1
2577	V 869 Aql	19 12 6	−1 45	A	—	—	—	14.4	15.3
3187	S 4408 Aql	19 22 48	−1 55	RRa	—	—	—	13.2	15.2
3188	S 4410 Aql	19 23 7	+0 55.2	RRa	Max.	34192.413	0.458874	16.3	17.5

Die Sterne sind nach der Bearbeitungsnummer geordnet.

Feld φ_2 Orionis

W. Götz

3116. **S 3714 Ori** μ Cephei-Stern; $14^m.2$—$15^m.8$

Der Veränderliche wurde als langperiodisch angezeigt (Erg. AN 12,1). Er konnte nur auf einem Teil der Platten des 170mm-Triplets beobachtet werden. Wellen von 100^d bis 200^d Länge und stellenweise fast zum Stillstand kommender Lichtwechsel weisen auf μ Cephei-Art hin. Der Stern zeigt in den einzelnen Abschnitten nie seine volle Amplitude. Meistens wurden $1^m.0$ nicht überschritten. Farbe oder Spektrum sind nicht bekannt.

3117. **S 3715 Ori** Halbregelmäßig; $12^m.5$—$14^m.5$

Der Stern wurde von Hoffmeister entdeckt und als langperiodisch angezeigt (Erg. AN 12,1). Die vorliegenden Beobachtungen auf Platten des 170mm-Triplets und des 400mm-Astrographen lassen halbregelmäßigen Lichtwechsel mit der Periode $P = 186^d$ erkennen. Zeitweilig kommen Epochensprünge von $P/2 = 93^d$ vor, so daß sich die Maxima nur mit zwei nachfolgend aufgeführten Elementensystemen darstellen lassen.

$$M_{\mathrm{I}} = 2430350 + 186 \cdot E$$
$$M_{\mathrm{II}} = 2431373 + 186 \cdot E$$

Max.	Größe	$B—R$	
2430355	$13^m.0$	+ 5	
0730	12.5	+ 8	Elemente I
1370	13.5	— 3	
1745	12.8	0	
1925	12.6	— 6	Elemente II
2120	12.6	+ 3	
3230	13.4	— 3	
4060	12.9	—10	
4410	13.0	—32	Elemente I
5400	13.2	+28	
5565	13.0	+ 7	

Die Amplitude des Sterns ist stark veränderlich. Zeitweilig beträgt sie nur $0^m.6$. An anderen Stellen der Lichtkurve hingegen zeigt der Veränderliche die volle Amplitude. Auf panchromatischen Platten ist der Stern $0^m.6$ heller als auf Agfa-Astro-Platten.

3118. **S 3716 Ori** Unregelmäßig; $12^m.3$—$13^m.5$

Der Lichtwechsel dieses Veränderlichen ist völlig regellos und zeigt zeitweilig Wellen von 50^d bis 200^d Länge. Die in der Entdeckungsanzeige (Erg. AN 12,1) angegebene langsame Veränderlichkeit wird damit bestätigt. Lichtwechsel, Amplitude und das Spektrum M5 (DO-Nr. 1117) weisen auf μ Cephei-Art hin.

3119. **V 370 Ori** RW Aurigae-Stern; $13^m.7$—$16^m.1$

Der Veränderliche zeigt H_α-Emission und ist identisch mit dem Stern Nr. 49 aus der Liste von Haro (Boletin Tonantzintla Nr. 8, 1953). Seine Lichtkurve ist vollkommen unregelmäßig. Vermutlich verläuft der Lichtwechsel zeitweilig sehr langsam. Leider ist V 370 Ori nur auf einem Teil der zur Verfügung stehenden Platten sichtbar. Immerhin konnten Helligkeitsschwankungen von mehr als $1^m.0$ innerhalb 1^d bis 4^d mit Sicherheit beobachtet werden. Reihenaufnahmen lassen rasche Helligkeitsänderungen von $0^m.5$ innerhalb 1^h erkennen.

3120. **GY Ori** RW Aurigae-Stern; $13^m.4$—$15^m.5$

Der Stern wurde von Hoffmeister entdeckt und als kurzperiodisch angezeigt (Erg. AN 12,1). Einzelne Kurvenstücke und die Verteilung der Beobachtungen auf die einzelnen Helligkeitsbereiche (15% helles, 50% mittleres und 27% schwaches Licht) lassen erkennen, daß die häufig vorkommenden Helligkeitsschwankungen vom mittleren Lichte ($14^m.5$) ausgehen. Neben über Tage andauernden Auf- und Abstiegen wurden auch öfters Helligkeitsänderungen von $0^m.5$ innerhalb $0^d.030$ beobachtet.

3121. **HK Ori** RW Aurigae-Stern; $11^m.1$—$13^m.3$

Der Veränderliche steht in der Südspitze eines kleinen, hellen, dreieckigen Nebels (Spektrum A4ep). Seine Veränderlichkeit wurde von Morgenroth angezeigt (AN **268**, 276). Hoffmeister vermutete RCrB-ähnlichen Lichtwechsel (Erg. AN 12,1). Cholopow findet RW Aurigae-Art (VS **8**, 2 1951). Untersuchungen auf 405 Sonneberger Platten der Himmelsüberwachung, des 400mm- und 170mm-Astrographen und der Schmidtkamera 50/70/172 cm aus den Jahren 1934 bis 1956 bestätigen unregelmäßigen Lichtwechsel vom Typus RW Aurigae.

Der völlig regellose, mit raschen Helligkeitsänderungen durchsetzte Lichtwechsel ist stellenweise langen Wellen von 1000^d bis 1500^d überlagert. Auch Wellen kürzerer Dauer (400^d) kommen vor. Abschnitte höchster Aktivität sind zwischen weniger aktiven Teilen der Lichtkurve eingelagert. Der Stern kam aber während des beobachteten Zeitabschnittes nie völlig zur Ruhe. Bemerkenswert sind bei HK Ori auch die häufig auftretenden Helligkeitsänderungen innerhalb von Stunden. Nachfolgend sind einige sichere Beobachtungen dieser Art aufgeführt.

Tag	Helligkeitsänderung	innerhalb	Bemerkung
2433888	$1^m.25$	$0^m.036$	Aufstieg
3924	0.54	0.042	Abstieg
3947	0.62	0.083	Aufstieg
3950	0.51	0.037	Aufstieg
4086	0.69	0.034	Aufstieg
5127	0.54	0.200	Abstieg
5371	0.75	0.053	Aufstieg
5399	0.68	0.079	Aufstieg
5509	0.72	0.026	Aufstieg
5514	0.77	0.044	Aufstieg
5520	0.77	0.079	Abstieg
5549	0.55	0.027	Aufstieg

3122. **S 3719 Ori** RW Aurigae-Stern ? $13^{m}.7$—$15^{m}.4$

Der Stern wurde von HOFFMEISTER als langsam veränderlich angezeigt (Erg. AN 12,1). Das vorliegende Beobachtungsmaterial läßt zeitweise sehr lebhaften, unregelmäßigen Lichtwechsel erkennen. Sprunghafte Helligkeitsänderungen von $0^{m}.8$ bis $1^{m}.1$ innerhalb 1^{d} bis 3^{d} sind nicht selten. Einige Kurvenabschnitte zeigen Erhellungen, die vom schwachen Lichte ausgehen (U Geminorum-ähnlich). An anderen Stellen der Lichtkurve sind Helligkeitsänderungen vom hellen Lichte aus zu erkennen. Die Beobachtungen verteilen sich wie folgt auf die einzelnen Helligkeitsbereiche:

Helles	Licht: 40%
mittleres	Licht: 25%
schwaches	Licht: 35%

Auf den Platten des 400mm-Astrographen und der Schmidtkamera 50/70/172 cm ist der Veränderliche immer schwächer als $15^{m}.0$. Reihenaufnahmen zeigen keine nennenswerten Lichtänderungen. Auf Platten der Filterkombination RG 1 + panchromatische Platte ist der Stern $1^{m}.8$ heller als auf Agfa-Astro-Platten (blau). Zwischen der Kombination GG 5 + Agfa-Astro und der einfachen Agfa-Astro-Platte besteht eine Helligkeitsdifferenz von $0^{m}.3$. Es ist zu vermuten, daß der Stern H_{α}-Emission zeigt, obgleich er in den Verzeichnissen von JOY und HARO über Emissionsliniensterne nicht enthalten ist.

3123. **S 3720 Ori** μ Cephei-Typus; $11^{m}.9$—$13^{m}.3$

Der Stern wurde als langsam veränderlich angezeigt (Erg. AN 12,1). Sein Lichtwechsel ist unregelmäßig und weist zeitweilig Wellencharakter auf. Wie einige Kurvenstücke erkennen lassen, scheint der Lichtwechsel zu manchen Zeiten völlig zum Stillstand zu kommen. Nach Filteraufnahmen der Schmidtkamera ist der Stern rot.

3124. **S 3721 Ori** RW Aurigae-Stern ? $14^{m}.1$—$16^{m}.3$

Der Stern wurde von HOFFMEISTER als langsam veränderlich ? angezeigt (Erg. AN 12,1). Seine Lichtkurve ist unregelmäßig und stellenweise mit raschen Helligkeitsänderungen durchsetzt. Helligkeitsschwankungen von $0^{m}.8$ bis $1^{m}.0$ innerhalb 1^{d} sind nicht selten. Stellenweise zeigt der Veränderliche auch langsamen bis zum Stillstand kommenden Lichtwechsel. Vermutlich gehört der Stern zum RW Aurigae-Typus.

3125. **S 3722 Ori** μ Cephei-Stern; $14^{m}.1$—$15^{m}.0$

Der Veränderliche konnte auch auf Platten mit dem 400mm-Astrographen des angrenzenden Feldes 130 Tauri beobachtet werden. Seine Lichtkurve zeigt langsame, unregelmäßige, zeitweilig Wellencharakter aufweisende Helligkeitsänderungen. An einigen Stellen der Lichtkurve kommt der Lichtwechsel völlig zum Stillstand. Die einzelnen Kurvenabschnitte haben meistens nur Amplituden von $0^{m}.6$.

3126. **S 3723 Ori** Unregelmäßig ? $14^{m}.4$—$15^{m}.8$

Der Veränderliche wurde von HOFFMEISTER als Stern mit mittlerer Periode angezeigt (Erg. AN 12,1). Die Untersuchungen auf den Platten des 170mm-

Triplets und des 400mm-Astrographen geben kein genaues Bild des Lichtwechsels. Das Fehlen von Reihenaufnahmen läßt keine Entscheidung zu, ob es sich bei diesem Stern um kurzperiodischen oder aber um raschen, unregelmäßigen Lichtwechsel handelt. Beobachtungen auf Tripletplatten lassen eher unregelmäßige Helligkeitsschwankungen vermuten.

3127. **S 3724 Ori** Kurzperiodisch; $13^{m}9$—$14^{m}6$

Der Stern wurde auf den Platten des 400mm-Astrographen und des 170mm-Triplets untersucht. Kurzperiodischer Lichtwechsel scheint sicher zu sein. In Ermanglung von Reihenaufnahmen konnten Art und Elemente nicht bestimmt werden.

3128. **S 3725 Ori** Unregelmäßig; $13^{m}0$—$14^{m}5$

Dieser Stern wurde von Hoffmeister als langsam veränderlich angezeigt (Erg. AN 12,1). Seine Helligkeitsänderungen sind völlig regellos. Einige Kurvenstücke lassen Wellen von 50 und mehr Tagen Dauer erkennen. Auch rasche Helligkeitsänderungen von $0^{m}7$ innerhalb 1^{d} treten auf. Daneben kommt zeitweilig der Lichtwechsel des Sterns auch völlig zum Stillstand. Spektrum bzw. Farbe des Sterns sind nicht bekannt.

3129. **S 3726 Ori** μ Cephei-Stern; $11^{m}7$—$13^{m}3$

Der Stern steht nahe bei FQ Ori und hat das Spektrum M4 (DO-Nr. 1266). Wellen von 50^{d} bis 150^{d} Dauer und zeitweilig fast zum Stillstand kommender Lichtwechsel sind charakteristisch für diesen Veränderlichen. In den einzelnen Kurvenabschnitten beträgt die Amplitude meistens nur $1^{m}0$.

3130. **QS Ori** Mira-Stern; $12^{m}0$—[$16^{m}5$

$$M = 2430710 + 476 \cdot E$$

Max.	Gr.	E	$B-R$	Bemerkung	Plattensorte
2430250	$13^{m}5$	− 1	+16	Abstieg	M
0710	12.7	0	0		KU
1170	—	+ 1	−16	Einzelbeob.	KU
1660	12.5	2	− 2	Abstieg	KU
2140	12.8	3	+ 2		KU
4050	12.0	7	+ 8		AA
5000	13.8	9	+ 6	Abstieg	AA
5475	13.4	+10	+ 5		AA

Abkürzungen: M = Matter-Platten, KU = Kranz-Ultra-Platten,
AA = Agfa-Astro (blau)-Platten

Auf Matter- und Agfa-Astro-Platten ist der Stern $1^{m}0$ schwächer als auf Kranz-Ultra-Platten. Auf KranzI-Aufnahmen ist der Veränderliche $0^{m}9$ heller als auf Kranz-Ultra-Platten.

3131. **QT Ori** Algol-Stern, $13^{\mathrm{m}}.0$—$14^{\mathrm{m}}.8$

$$m = 2431027.529 + 2.3143175 \cdot E$$
$$D = 0^{\mathrm{p}}.1 = 0^{\mathrm{d}}.23 \quad d = 0^{\mathrm{d}}.0$$

Min.	Gr.	E	$B-R$
2430261.601	$13^{\mathrm{m}}.40$	− 331	+0.111
0694.393	13.47	144	+0.126
0976.576	14.32	− 22	−0.038
1027.529	14.49	0	0.000
1446.480	14.07	+ 181	+0.060
1763.467	14.20	318	−0.015
3950.459	13.96	1263	−0.053
3950.519	14.80	1263	+0.007
3950.573	14.32	1263	+0.061
4017.617	[14.20	1292	−0.010
4066.335	13.93	1313	+0.107
5068.434	13.20	1746	+0.107
5371.558	14.20	1877	+0.055
5401.510	13.40	1890	−0.079
5480.283	14.41	1924	+0.007
5480.397	13.53	+1924	+0.121

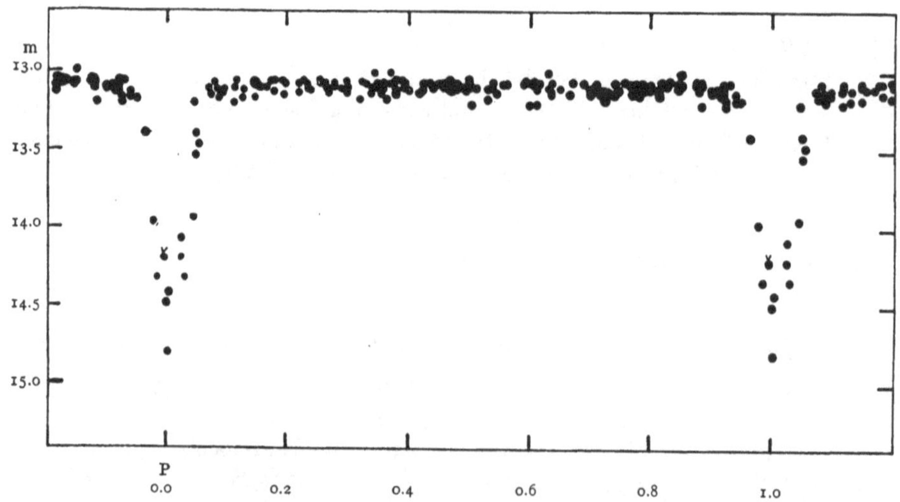

QT Orionis = S 3728

3132. **S 3729 Ori** RW Aurigae-ähnlich; $14^{\mathrm{m}}.1$—$15^{\mathrm{m}}.2$

Der Veränderliche wurde von Hoffmeister als Algol-ähnlich angezeigt (Erg. AN 12,1). Die Lichtkurve weist auf unregelmäßigen Lichtwechsel mit Algol-ähnlichen Minima von verschiedener Dauer hin. In der Zeit von 243 5370 bis 5520 wurden Schwingungen von 28^{d} Länge festgestellt. Die Amplitude der Wellen beträgt $0^{\mathrm{m}}.6$ bis $0^{\mathrm{m}}.8$. Bemerkenswert ist hierbei, daß der Aufstieg zum Maximum innerhalb 1^{d} bis 3^{d} erfolgt. Einige Stellen der Lichtkurve lassen jedoch noch raschere Helligkeitsänderungen vermuten.

3133. **S 3730 Ori** μ Cephei-Stern; $12^m_.9$—$13^m_.6$ (Kranz-Ultra)

Der Stern wurde von HOFFMEISTER als kurzperiodisch? mit sehr kleiner Amplitude angezeigt (Erg. AN 12,1). Untersuchungen auf den Platten des 170mm-Triplets und des 400mm-Astrographen der Felder φ_2 Ori und 130 Tauri ergeben unregelmäßigen Lichtwechsel. Die Lichtkurve zeigt stellenweise Wellen von 30 und mehr Tagen Dauer. Auch raschere Helligkeitsänderungen kommen vor, doch ist ihre Realität auf Grund ihrer kleinen Amplitude nicht verbürgt. Auf Kranz-Ultra-Platten ist der Stern $0^m_.3$ heller als auf Matter-Platten. Eine panchromatische Platte mit dem Schott-Filter GG 14 zeigt den Veränderlichen $0^m_.6$ heller als die Matter-Platten. Der Stern ist rot. Lichtwechsel und Farbe lassen μ Cephei-Art erkennen.

Feld φ_2 Orionis

Zusätzliche Sterne aus Platten des Astrographen 400/1600 mm

W. GÖTZ

3134. **S 3913 Ori** Algol-Stern? $16^m_.0$—$[17^m_.3$

Der Veränderliche konnte nur auf 16 Platten des 400mm-Astrographen untersucht werden. Für das übrige Plattenmaterial ist der Stern zu schwach und liegt außerhalb des Feldes. Selbst die Beobachtungen auf den Aufnahmen des 400mm-Astrographen sind wegen der geringen Helligkeit unsicher. Vermutlich liegt Algol-Lichtwechsel vor. Zwei sichere Minima wurden bei 2430781.292 ($[17^m_.3$) und 1362.595 ($[17^m_.2$) festgestellt.

3135. **S 3914 Ori** RR Lyrae-Stern; $12^m_.1$—$13^m_.3$

Der Stern wurde als kurzperiodisch angezeigt (Erg. AN 12,1). Für die Untersuchung des Lichtwechsels standen 24 Aufnahmen mit dem 400mm-Astrographen, 13 Platten der Himmelsüberwachung aus den Jahren 1956/57 und 6 Aufnahmen mit der Schmidtkamera zur Verfügung. Die nachfolgenden Elemente wurden bestimmt:

$$M = 2430321.479 + 0.833224 \cdot E$$
$$M - m = 0^d_.1 \quad \text{Typus: RRa}$$

Max.	Gr.	E	$B-R$
2430261.601	$12^m_.26$	− 72	+0.114
0321.479	12.05	0	0.000
0346.519	12.05	+ 30	+0.043
0367.345	12.19	55	+0.039
0377.397	12.19	67	+0.092
0382.507	12.19	73	+0.203
0433.341	12.19	134	+0.210
0995.550	12.12	809	−0.007
1329.571	12.19	1210	−0.109
5802.426	12.24	6578	0.000
5868.353	12.08	6657	+0.102
6116.583	12.08	+6955	+0.031

Die Lichtkurve wurde aus Beobachtungen auf den Platten des 400 mm-Astrographen mit der dort abgeleiteten Periode $P = 0^d_.833169$ gezeichnet.

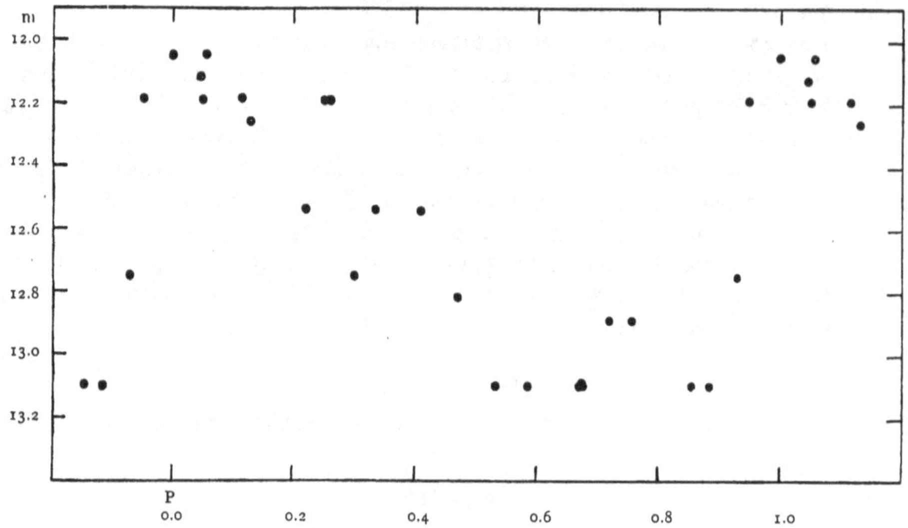

S 3914 Orionis

3136. **S 3915 Ori** Langperiodisch; $14^{\mathrm{m}}.9$—[$16^{\mathrm{m}}.5$

HOFFMEISTER zeigte diesen Veränderlichen mit mittlerer Periode an und gibt die Farbe gelb oder rötlich. Da das Objekt nur auf den 27 Platten des 400 mm-Astrographen beobachtet werden konnte, kann eine genaue Klassifikation nicht gegeben werden. Zwei Mira-ähnliche Maxima bei 2430340 und 1350 weisen auf langperiodischen Lichtwechsel hin. Einzelbeobachtungen bei 2431000 bekräftigen diesen Befund. Aus den Beobachtungen lassen sich folgende, zwar unsichere Elemente ableiten:

$$M = 2430330 + 340 \cdot E$$

Max.	Gr.	E	$B-R$
2430340	$14^{\mathrm{m}}.9$	0	+10
1000	15.3	2	−10
1350	15.2	3	0

Die Periode des Sterns ist möglicherweise teilbar.

3137. **GV Ori** Mira Stern; $12^{\mathrm{m}}.4$—[$16^{\mathrm{m}}.5$

Der Stern liegt am Rande des Feldes des 400 mm-Astrographen, so daß die Beobachtung auf den Platten des 170 mm-Triplets und der Schmidtkamera 50/70/172 cm nicht möglich war. Auch auf den Aufnahmen des übergreifenden Feldes 130 Tau ist der Veränderliche nicht vorhanden. Einzelbeobachtungen auf den Platten mit dem 400 mm-Astrographen lassen auf eine Periode von ca. 320^{d} schließen. Die nachfolgend gegebenen Elemente sind unsicher.

$$M = 2430500 + 313 \cdot E$$

Max.	Gr.	E	$B-R$
2430500	–	0	0
0815	–	1	+2
1440	$12^{\mathrm{m}}.4$	3	+1

3138. **S 3917 Ori** Kurzperiodisch; $14^{m}.1$—$14^{m}.6$

Der Stern liegt am Rande des 400 mm-Astrographenfeldes, so daß eine Untersuchung auf den Platten des 170 mm-Triplets nicht möglich war. Die 22 Aufnahmen des 400 mm-Astrographen lassen kurzperiodischen Lichtwechsel sicher erkennen. Die Ermittlung der Elemente verlief jedoch ergebnislos.

3139. **S 3918 Ori** Kurzperiodisch; $14^{m}.8$—$15^{m}.7$

Der Stern wurde nur auf den Platten der Schmidtkamera und des 400 mm-Astrographen untersucht. Auf den 170 mm-Tripletplatten läßt sich der Veränderliche im schwachen Lichte nicht beobachten. Das geringe Plattenmaterial ermöglicht keine exakte Bestimmung der Elemente. Die beste Darstellung der Beobachtungen ergibt W UMa-Lichtwechsel mit nachfolgenden Elementen:

$$m_1 = 2430259.622 + 0.441990 \cdot E$$

Min.	Gr.	E	$B-R$
2430259.622	$15^{m}.60$	0	0.000
0261.601	15.55	4.5	−0.010
0263.597	15.45	9	−0.003
0267.572	15.50	18	−0.006
0321.479	15.50	140	−0.021
0431.335	15.65	388.5	0.000
0995.550	15.50	1665	+0.015
5541.421	15.30	11950	+0.018
5549.346	15.40	11968	−0.012
5549.373	15.50	11968	+0.015

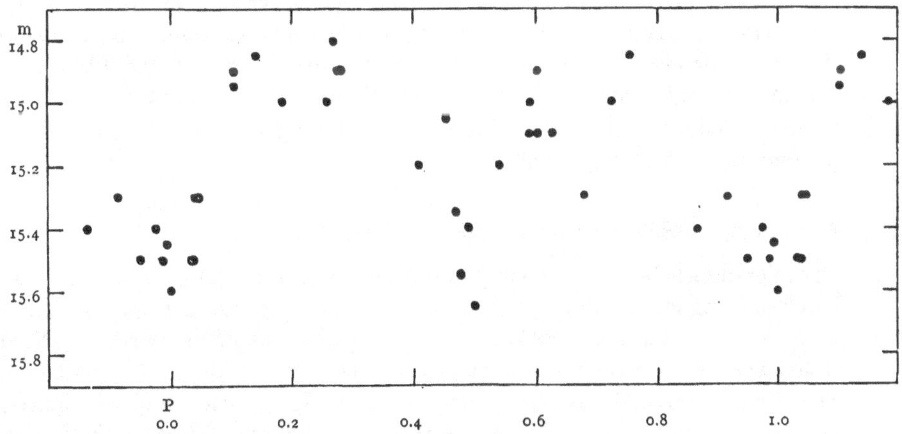

S 3918 Orionis

3140. **HI Ori** RW Aurigae-Stern; $13^{m}.9$—$15^{m}.3$

Der nahe bei HK Ori und am Rande desselben hellen, dreieckigen Nebels stehende Stern wurde von Hoffmeister entdeckt und als RWs-Stern angezeigt (Erg. AN 12,1). Joy gibt das Spektrum dKoe (ApJ 110.424).

Unregelmäßiger Lichtwechsel mit raschen Helligkeitsänderungen ist charakteristisch für diesen Veränderlichen, dessen Amplitude stellenweise nur

$0\overset{m}{.}6$ beträgt. Besonders aktiv verhält sich HJ Ori in der Zeit von 2435350 bis 5550. In diesem Beobachtungsabschnitt ändert der Stern seine Helligkeit stetig zwischen $14\overset{m}{.}2$ und $15\overset{m}{.}2$. Auf Reihenaufnahmen mit der Schmidtkamera und dem 170mm-Triplet zeigt der Veränderliche sehr rasche Helligkeitsschwankungen, so bei 2435127 und 5128, wo der Stern seine Helligkeit um $0\overset{m}{.}9$, $1\overset{m}{.}3$ und $0\overset{m}{.}7$ innerhalb $0\overset{d}{.}02$, $0\overset{d}{.}2$ und $0\overset{d}{.}03$ ändert.

3141. **HM Ori** RW Aurigae-Stern; $13\overset{m}{.}6$—$15\overset{m}{.}6$

Die Veränderlichkeit des Sterns wurde von Hoffmeister angezeigt (Erg. AN 12,1). Der Lichtwechsel ist völlig regellos. Die Lichtkurve und die Verteilung der Beobachtungen auf drei Helligkeitsbereiche (12% helles, 80% mittleres und 8% schwaches Licht) lassen erkennen, daß die häufig auftretenden Helligkeitsschwankungen vom mittleren Lichte ausgehen. Änderungen von über $1\overset{m}{.}0$ innerhalb 1^{d} sind nicht selten. Bei 2433958, 4057 und 4087 wurden rasche Auf- und Abstiege von $0\overset{m}{.}5$, $0\overset{m}{.}7$ und $0\overset{m}{.}6$ innerhalb $0\overset{d}{.}07$, $0\overset{d}{.}05$ und $0\overset{d}{.}08$ beobachtet. Auch bei 2435125 und 5480 konnten solche Lichtänderungen festgestellt werden. HM Ori ist nicht in den Listen von Joy (ApJ 110.424) und Haro (Boletin Tonantzintla Nr. 8 1953) über Emissionslinienstерne aufgeführt. Nach eigenen Beobachtungen ist der Stern rötlich gefärbt.

3142. **S 3921 Ori** RW Aurigae-Stern; $14\overset{m}{.}8$—[$16\overset{m}{.}7$

Der Stern, der nahe am Rande der Wolke bei HK Ori steht, wurde von Hoffmeister entdeckt und als unregelmäßig? angezeigt (Erg. AN 12,1). Der Veränderliche ist identisch mit dem Stern Nr. 61 aus der Liste von Haro (Boletin Tonantzintla Nr. 8 1953) und zeigt schwache H_{α}-Emission. Wegen seiner geringen Helligkeit konnte der Stern nur auf den Platten des 400 mm-Astrographen und der Schmidtkamera 50/70/172 cm untersucht werden. Völlig regellose Helligkeitsschwankungen von $0\overset{m}{.}8$ innerhalb 1^{d} wurden mehrmals beobachtet.

3143. **S 3922 Ori** RW Aurigae-ähnlich? $14\overset{m}{.}5$—$15\overset{m}{.}5$

Der Veränderliche ist als langperiodisch? angezeigt (Erg. AN 12,1). Die Untersuchungen auf den Platten des 170mm-Triplets, des 400mm-Astrographen und der Schmidtkamera 50/70/172 cm ergaben unregelmäßigen, stellenweise sehr langsamen Lichtwechsel. Die Amplitude des Sterns beträgt zeitweilig nur $0\overset{m}{.}4$. S 3922 Ori zeigt schwache H_{α}-Emission und ist identisch mit dem Stern 68 aus der Liste von Haro (Tonantzintla Boletin Nr. 8 1953).

3144. **S 3923 Ori** Langperiodisch? $16\overset{m}{.}2$—[$17\overset{m}{.}5$

Dieser Veränderliche konnte wegen seiner geringen Helligkeit nur auf den Platten des 400mm-Astrographen und der Schmidtkamera beobachtet werden. Es wurde lediglich bei 2430340 ein Mira-ähnliches Maximum und von 2435520 bis 5560 ein Abstieg ($16\overset{m}{.}4$—$16\overset{m}{.}9$) festgestellt. Genauere Aussagen über den Lichtwechsel des Sterns läßt das Plattenmaterial nicht zu.

3145. **S 3924 Ori** β Lyrae-Stern; $15^m_.0$—$15^m_.9$

Der Stern konnte nur auf 21 Platten des 400 mm-Astrographen beobachtet werden. Die ermittelten Elemente sind unsicher.

$$m_1 = 2430261.601 + 2.572514 \cdot E$$
$$A_1 = 0^m_.9 \qquad A_2 = 0^m_.4$$

Min.	Gr.	E	$B-R$
2430261.601	$15^m_.74$	0	0.000
0346.519	15.83	33	+0.025
0377.397	15.89	45	+0.033
0381.410	15.45	46.5	+0.187
0431.335	15.59	66	−0.052
0781.292	15.83	202	+0.043
0998.570	15.36	286.5	−0.056
1003.573	15.30	288.5	−0.198
1362.595	15.83	428	−0.042

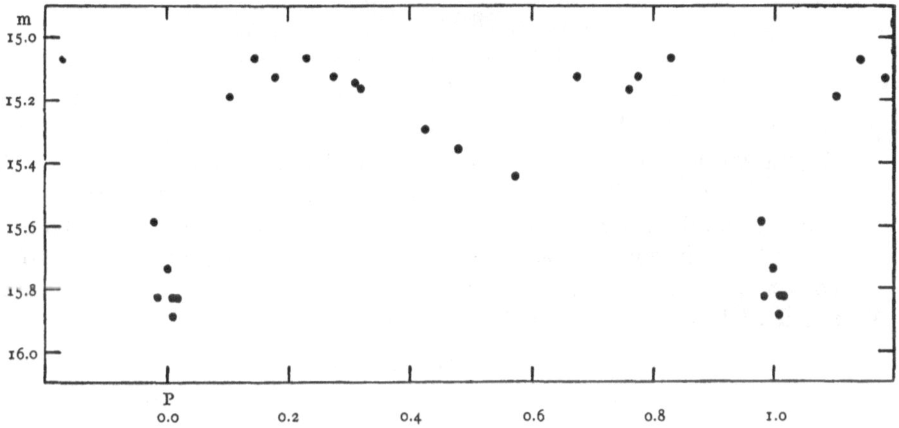

S 3924 Orionis

3146. **S 3925 Ori** Halbregelmäßig; $13^m_.8$—[$16^m_.0$

Auf den Platten des 170 mm-Triplets war die Beobachtung des Sterns schwierig, da er oft nicht von seinem Begleiter getrennt war. Die nachfolgend aufgeführten Maxima lassen sich mit der Periode $P = 139^d$ darstellen. Zu bemerken ist aber, daß Einzelbeobachtungen stellenweise auch die Wirksamkeit der doppelten, im Zeitabschnitt von 2435350 bis 5550 der halben Periode erkennen lassen. Die volle Amplitude zeigt der Stern nur beim Maximum der Epoche $E = 0$. Zeitweilig beträgt die Höhe der Maxima nur $0^m_.6$.

$$M = 2430325 + 139 \cdot E$$

Max.	Gr.	E	$B-R$
2430325	$13^m_.8$	0	0
0735	14.8	3	− 7
1035	15.1	5	+15
1860	15.4	11	+ 6
2130	15.1	13	− 2

Max.	Gr.	E	$B-R$
243 3660	$14^m.2$	24	− 1
4080	14.7	27	+ 2
4370	15.2	29	+16
5395	14.7	36.5	− 3
5470	14.9	37	+ 2

3147. **S 3926 Ori** Algol-Stern; $12^m.9$—$13^m.4$

Hoffmeister zeigte diesen Veränderlichen als Algol-Stern an (Erg. AN 12, 1). Die Art des Lichtwechsels wird bestätigt. Zu große Zwischenzeiten der Minima erlauben keine Bestimmung der Elemente. Nachfolgende Schwächungen wurden auf den Platten des 400 mm-Astrographen und des 170 mm-Triplets gefunden:

2430431.335	$13^m.35$
0764.345	13.35
1763.467	13.27
2093.588	13.18
4771.242	13.35

3148. **S 3927 Ori** Algol-Stern; $12^m.6$—$13^m.0$

Hoffmeister zeigte den Veränderlichen als Algol-Stern an und wies bereits auf die kleine Amplitude hin (Erg. AN 12,1). Auf den Platten des 170 mm-Triplets und des 400 mm-Astrographen sind die Schätzungen wegen der relativ großen Helligkeit des Sterns und der sehr kleinen Amplitude von nur $0^m.35$ keinesfalls sicher. Nach zweimaliger Untersuchung auf dem Plattenmaterial wurden folgende unsicheren Elemente ermittelt:

$$m_1 = 2431003.573 + 3.107540 \cdot E$$
$$A_1 = 0^m.37 \quad A_2 = 0^m.28 \quad D = 0^p.1 \quad d = 0^p.0$$

Min.	Gr.	E	$B-R$
2430262.603	$12^m.72$	− 238.5	+0.178
0764.345	12.93	77	+0.053
0778.279	[12.67	− 72.5	+0.003
1003.573	12.97	0	0.000
1028.579	12.81	+ 8	+0.146
1443.444	12.78	141.5	+0.154
1741.605	12.84	237.5	−0.009
1763.467	12.81	244.5	+0.100
3657.344	[12.63	854	−0.068
4086.342	12.93	992	+0.089
5018.514	12.93	1292	−0.001
5127.410	12.76	1327	+0.131
5399.476	12.76	1414.5	+0.288
5419.413	[12.75	1421	+0.026
5483.285	12.76	1441.5	+0.193
5503.309	[12.72	1448	+0.018
5545.301	12.87	+1461.5	+0.058

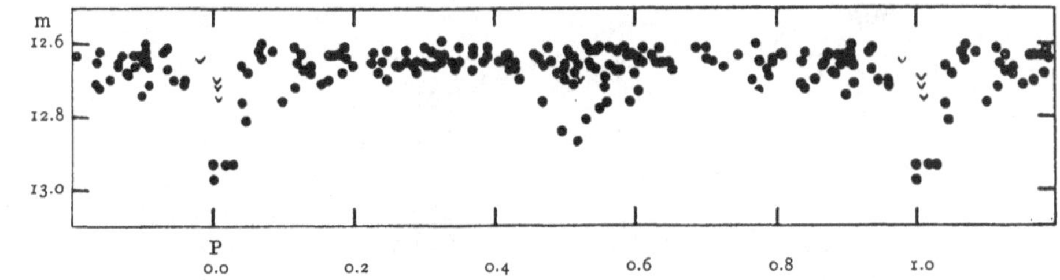

S 3927 Orionis

3149. **QR Ori** RW Aurigae-Stern; $13^m.3$—$16^m.3$

Hoffmeister zeigte den Veränderlichen als RW Aurigae-Stern an (Erg. AN 12,1). Die Untersuchungen auf den Platten des 400 mm-Astrographen und des 170 mm-Triplets ergaben raschen, völlig regellosen Lichtwechsel. Stellenweise durchläuft der Stern innerhalb $3^d.0$ seine volle Amplitude. Die schnellsten Helligkeitsänderungen wurden bei 2433958 und 5427 beobachtet. Hier kommen Helligkeitsschwankungen von $0^m.5$ und $0^m.8$ innerhalb $0^d.08$ vor. Über Farbe oder Spektrum des Veränderlichen ist nichts bekannt.

3150. S 3929 **Ori** μ Cephei-Stern; $12^m.4$—$13^m.8$

Der Stern ist nach Hoffmeister rötlich (Erg. AN 12,1). Sein Lichtwechsel ist völlig regellos. Abschnitte mit Wellen von 100 und mehr Tagen Dauer werden abgelöst durch Kurvenstücke mit sehr geringem, stellenweise fast zum Stillstand kommendem Lichtwechsel. Die Amplitude beträgt im allgemeinen nicht mehr als $0^m.8$. Farbe, Amplitude und Lichtwechsel weisen auf μ Cephei-Art hin.

3151. S 3930 **Ori** β Lyrae-Stern; $14^m.3$—$15^m.1$

$$m_1 = 2430259.622 + 2.081649 \cdot E$$

$$A_1 = 0^m.8 \qquad A_2 = 0^m.5$$

Min.	Gr.	E	$B–R$
243 0259.622	$15^m.05$	0	0.000
0261.601	14.85	1	−0.103
0376.283	14.82	56	+0.089
0378.317	15.05	57	+0.041
0380.286	14.82	58	−0.072
0380.399	15.05	58	+0.041
0381.410	14.70	58.5	+0.012
0382.507	14.90	59	+0.068
0402.304	14.60	68.5	+0.089
0409.342	14.70	72	−0.159
0431.335	14.75	82.5	−0.023
0433.341	14.65	83.5	−0.099
0995.550	14.70	353.5	+0.065
0998.570	14.90	355	−0.037
1144.307	14.85	425	−0.016
1329.571	15.10	514	−0.019

Min.	Gr.	*E*	*B–R*
243 1353.558	$14^{m}.75$	525.5	+0.029
1907.351	14.80	791.5	+0.104
2093.588	15.05	881	+0.033
2118.632	14.90	893	+0.097
3570.560	14.60	1590.5	+0.075
3645.294	14.80	1626.5	–0.130
3958.619	14.80	1777	–0.093
4002.337	14.80	1798	–0.090
4338.543	14.75	1959.5	–0.070
4714.396	[14.80	2140	+0.045
4716.376	[14.90	2141	–0.057
4766.292	14.90	2165	–0.100
4767.276	14.70	2165.5	–0.157
5052.531	14.70	2302.5	–0.088
5070.408	[14.90	2311	+0.095
5455.372	14.90	2496	–0.046
5455.521	14.85	2496	+0.103
5461.572	[14.90	2499	–0.091
5480.397	15.05	2508	–0.001
5483.418	14.70	2509.5	–0.102
5503.309	[14.90	2519	+0.013
5504.302	14.70	2519.5	–0.035
5505.324	14.90	2520	–0.053

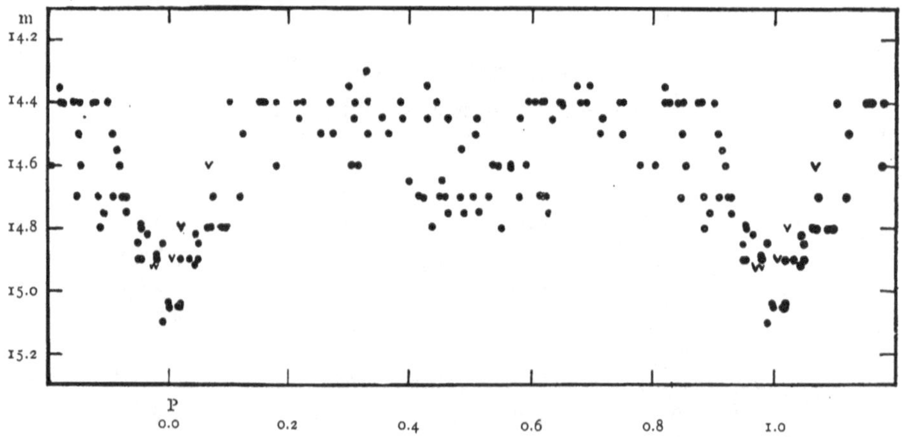

S 3930 Orionis

3152. S 3931 Ori Kurzperiodisch; $12^{m}.7$—$13^{m}.9$

Der Veränderliche liegt außerhalb des 170 mm-Triplet-Feldes. Für die Untersuchung des Sterns standen deshalb nur 23 Platten mit dem 400 mm-Astrographen zur Verfügung. Kurzperiodischer Lichtwechsel scheint sicher zu sein. Eine Bestimmung der Elemente war jedoch nicht möglich.

3153. **S 3932 Ori** Algol-Stern; $13^m_.3$—$14^m_.0$

Der Veränderliche liegt am Rande des Feldes des 400 mm-Astrographen, so daß eine Untersuchung auf den Platten des 170 mm-Triplets und des Schmidt-spiegels nicht möglich war. Die nachstehend aufgeführten Elemente sind aus 23 Beobachtungen abgeleitet und daher unsicher.

$$m = 2430431.335 + 5.383059 \cdot E$$
$$D = 0^p_.1 \qquad d = 0^p_.0$$

Min.	Gr.	*E*	*B–R*
243 0377.397	$13^m_.9$	− 10	−0.107
0431.335	14.0	0	0.000
0781.292	13.9	+ 65	+0.058
1362.595	14.0	+173	−0.009

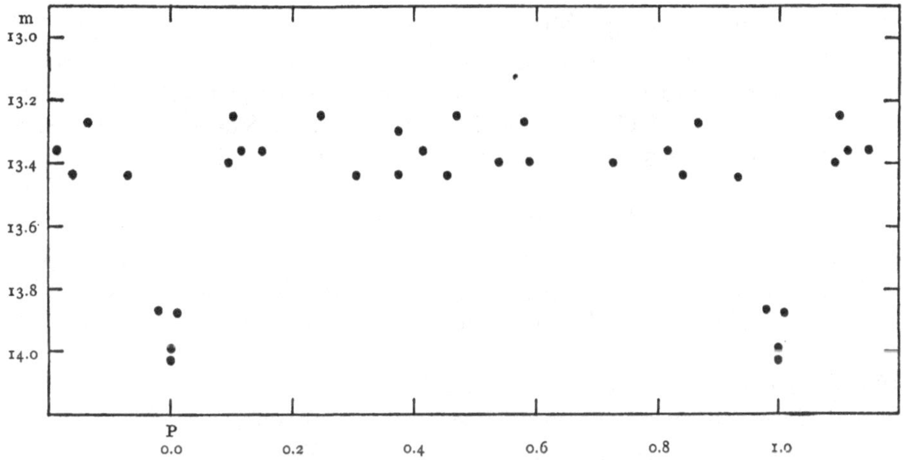

S 3932 Orionis

Feld 6^h59^m −6°

Zusätzliche Sterne aus Platten des Astrographen 400/1600 mm

H. Huth

3154. **S 4033 Mon** Langsam veränderlich; $12^m_.5$—$13^m_.8$

Es war unmöglich, den Stern auf Überwachungsplatten von seinem nahen Begleiter ($12^m_.5$) zu trennen. Da er auch außerhalb des Feldes der 170 mm-Triplet-Platten steht, konnten nur die Platten des 400 mm-Vierlinsers benutzt werden. Dieses dürftige Material läßt jedoch keine andere Aussage zu als die, daß der Stern seine Helligkeit in langen Wellen ändert. Der Veränderliche ist BD −4°1617 ($9^m_.5$)

3155. **GS Mon** Langperiodisch ? $15^m_.5$—[$16^m_.3$

Der Veränderliche steht so nahe am Plattenrand der 400 mm-Vierlinser-Platten, daß er nur sehr schwierig zu schätzen war. Es standen nur Reihen-beobachtungen zur Verfügung; eine eindeutige Klassifizierung war daher nicht möglich.

3156. **GT Mon** Langsam veränderlich; $13^m_.2$—$14^m_.2$

Der Veränderliche steht am Rande des Feldes und konnte nur auf den Reihenaufnahmen des 400 mm-Vierlinsers beobachtet werden. Dabei konnten die Helligkeiten wie folgt ermittelt werden:

2429634	$13^m_.2$
2430734	13.9
0787	14.2
1145	13.8

3157. **S 4035 Mon** Bedeckungsveränderlicher; $14^m_.2$—$14^m_.5$

Der Stern wurde auf 107 Platten nur dreimal im Minimum gesehen: 2425969.507, 6769.335 und 2430784.338 bis .465. Die letzte Schwächung ist durch vier Platten belegt.

3158. **S 4036 Mon** μ Cephei-Stern; $15^m_.0$—$16^m_.2$

Die Lichtkurve dieses roten Sternes zeigt im allgemeinen Stillstände im hellen und mittleren Licht, die von Wellen mittellanger Dauer unterbrochen werden. Auf einer Kranz-I-Platte wurde der Veränderliche $0^m_.8$ heller als auf einer drei Tage vorher aufgenommenen Kranz-Ultra-Platte geschätzt.

3159. **S 4037 Mon** BY Serpentis-Stern; $14^m_.7$—$15^m_.5$

Die Lichtkurve dieses Veränderlichen ist gekennzeichnet durch stufenweise Änderungen, wobei die Helligkeit jeweils mehrere hundert Tage lang konstant zu sein scheint. Eine Färbung wurde nicht beobachtet.

3160. **S 4038 Mon** RR Lyrae-Stern ? $13^m_.7$—$14^m_.5$

Auf den Reihenaufnahmen des 400 mm-Vierlinsers machte der Veränderliche den Eindruck eines RR Lyrae-Sternes mit einer Periode von $0^d_.3834$. Der Versuch, die auf den Triplet-Platten erhaltenen Beobachtungen mit diesem Periodenwert darzustellen, mißlang jedoch. Selbst unter der Annahme einer Veränderlichkeit der Periode wurde keine bessere Darstellung erhalten. Der Veränderliche gehört vielleicht zu jener Klasse von Unregelmäßigen, bei denen die Helligkeitsänderungen zeitweise periodisch verlaufen.

3161. **SVS 898 Mon** μ Cephei-Stern; $12^m_.8$—$13^m_.6$

Der Stern wurde von Nekrasova auf Platten des Engelhardt-Observatoriums gefunden und als Bedeckungsveränderlicher angezeigt [VS 5.212; 1938]. Die aus Schätzungen auf Sonneberger Platten erhaltene Lichtkurve erinnert zwar sehr an die eines β Lyrae-Sternes mit einer Periode von etwa 100^d; es treten aber zeitweilig große Widersprüche auf, die es nicht erlauben, diesen Befund aufrecht zu erhalten. Einmal sind Amplitude und Dauer der Minima verschieden groß, zum anderen wurden Stillstände von 65^d und 80^d Dauer beobachtet. Da der Veränderliche außerdem noch gefärbt ist (auf Kranz-I-Platten liegt die Helligkeit $0^m_.5$ über derjenigen auf Kranz-Ultra-Platten), wurde er den Unregelmäßigen vom μ Cep-Typus zugerechnet. Die angegebenen Grenzwerte des Lichtwechsels beziehen sich auf Blauplatten; auf den schwach orthochromatischen Kranz-Ultra-Platten ist der Stern $0^m_.4$ heller.

3162. **GW Mon** Mira-Stern; $14^{m}_{\cdot}0$—[$16^{m}_{\cdot}5$

Von diesem randnahen Stern konnte auf 400 mm-Vierlinser-Platten nur ein Maximum bei 2430788 beobachtet werden.

3163. **S 4040 Mon** Langperiodisch? $14^{m}_{\cdot}8$—$15^{m}_{\cdot}8$

Das Beobachtungsmaterial für diesen Stern ist sehr dürftig, da es nur aus den Schätzungen auf den Reihenaufnahmen mit dem 400 mm-Vierlinser besteht. Die Beobachtungen lassen folgende Daten erkennen: schwach: 2429578, 9634 und 2430788; hell: 2430735 und 1145.

3164. **S 4041 Mon** Bedeckungsveränderlicher? $15^{m}_{\cdot}4$—$16^{m}_{\cdot}1$

Bei diesem Stern konnte nur eine Schwächung beobachtet werden, die durch folgende Daten belegt ist:

2430791.303	$16^{m}_{\cdot}1$
.384	16.0
.427	16.0

3165. **S 4042 Mon** *β* Lyrae-Stern; $12^{m}_{\cdot}3$—$12^{m}_{\cdot}8$

$$m_1 = 2425622.508 + 0.995884 \cdot E$$
$$A_1 = 0^{m}_{\cdot}5 \qquad A_2 = 0^{m}_{\cdot}4$$

Min.		*E*	*B–R*
242	5299.293	− 324.5	−0.051
	5300.321	− 323.5	−0.019
	5622.494	0	−0.014
	5645.457	+ 23	+0.044
	5650.376	28	−0.017
	5655.405	33	+0.033
	5984.466	363.5	−0.046
	6717.445	1099.5	−0.037
	6744.359	1126.5	−0.012
	6749.411	1131.5	+0.060
	7075.482	1459	−0.021
	7101.377	1485	−0.019
	7130.306	1514	+0.030
	7420.538	1805.5	−0.038
	7472.337	1857.5	−0.026
	7479.383	1864.5	+0.049
	7841.287	2228	−0.051
	8879.586	3270.5	+0.039
	9633.45*	4027.5	+0.02
	9634.42*	4028.5	−0.01
	9635.42*	4029.5	0.00
243	0734.38*	5133	0.00
	0735.38*	+5134	0.00

* Normalminima

Die Lichtkurve wurde aus Beobachtungen auf den Triplet-Platten zusammengestellt.

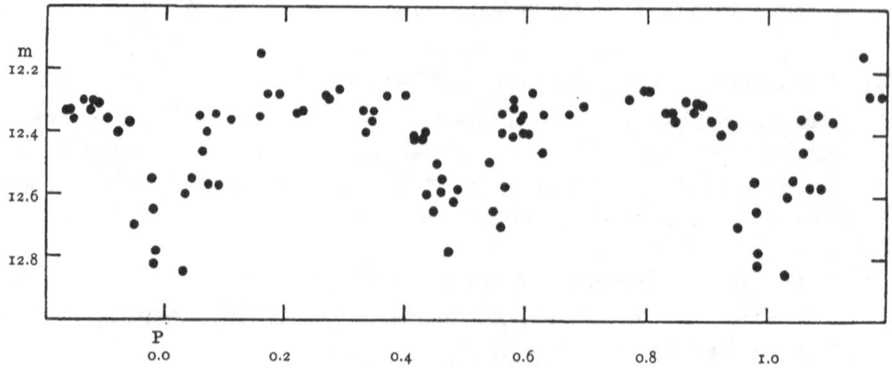

S 4042 Monocerotis

3166. **S 4043 Mon** Bedeckungsveränderlicher; $13\overset{\rm m}{.}2$—$13\overset{\rm m}{.}5$

Infolge der sehr geringen Amplitude war es nicht möglich, die Periode zu bestimmen. Es handelt sich aber offensichtlich um einen Bedeckungsveränderlichen, bei dem die Dauer der Bedeckung etwa $0\overset{\rm d}{.}4$ betragen dürfte.

3167. **S 4044 Mon** Unregelmäßig; $12\overset{\rm m}{.}5$—$13\overset{\rm m}{.}5$

Der Stern wurde ursprünglich als langsam veränderlich angesehen. Dem widersprechen jedoch Helligkeitsschwankungen um $0\overset{\rm m}{.}5$ bis $1\overset{\rm m}{.}0$ innerhalb von 15 bis 70 Tagen Dauer. Auf den Reihenaufnahmen des 400 mm-Vierlinsers wurden geringe Helligkeitsänderungen während weniger Stunden beobachtet. Schätzungen auf den schwach-orthochromatischen Kranz-Ultra-Platten und auf den blauempfindlichen Matter-Platten lassen keinerlei Färbung erkennen. Die angegebenen Helligkeiten wurden auf den Kranz-Ultra-Platten bestimmt.

3168. **S 4045 Mon** RW Aurigae-ähnlich; $14\overset{\rm m}{.}5$—$15\overset{\rm m}{.}7$

Die Beobachtungen streuen regellos über den ganzen Bereich der Amplitude. Stillstände und wesentliche Abflachungen wurden nicht beobachtet. Reihenaufnahmen aus sieben aufeinanderfolgenden Nächten ergaben geringe Schwankungen um $0\overset{\rm m}{.}3$. Der Veränderliche ist nicht merklich gefärbt.

3169. **HL Mon** RR Lyrae-Stern; $14\overset{\rm m}{.}2$—$15\overset{\rm m}{.}2$

Dieser Stern wurde bereits von van Bueren beobachtet, der auch die folgenden Elemente ableitete:

$$M = 2430404.381 + 0.4992360 \cdot E$$

Mit diesen Elementen wurden die auf Sonneberger Platten erhaltenen 25 Maxima durchgerechnet. Während die Maxima von $E = -1544$ bis $E = +775$ aus 400 mm-Vierlinser-Reihenbeobachtungen abgeleitete Normalwerte darstellen, sind die Maxima von $E = -7571$ bis $E = -5096$ helle Einzelbeobachtungen, die auf den Platten des 170 mm-Triplets erhalten wurden. Dadurch lassen sich auch die zum Teil verhältnismäßig großen B–R-Werte erklären.

Max.	E	B–R
242 6624.639	−7571	−0.026
6634.616	7551	−0.034
7075.482	6668	+0.007
7099.465	6620.	+0.026
7100.460	6618	+0.023
7155.331	6508.	−0.022
7398.516	6021	+0.035
7421.502	5975	+0.056
7422.505	5973	+0.061
7479.383	5859	+0.026
7482.382	5853	+0.029
7505.330	5807	+0.012
7511.328	5795	+0.020
7860.315	5096	+0.041
9633.582	1544	+0.021
9634.542	1542	−0.017
9635.568	−1540	+0.011
243 0734.389	+ 661	+0.013
0735.379	663	+0.005
0784.302	761	+0.002
0787.311	767	+0.016
0788.270	769	−0.023
0789.304	771	+0.012
0790.324	773	+0.034
0791.271	+ 775	−0.018

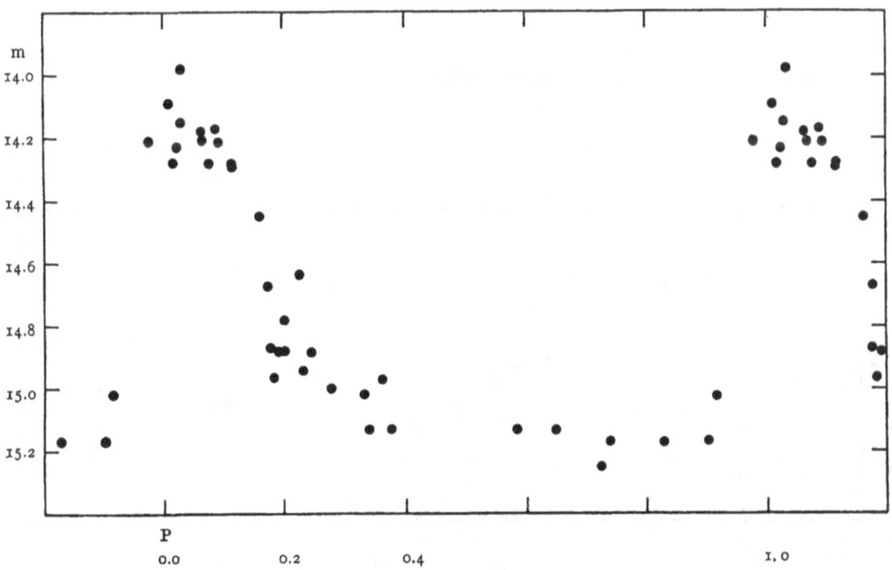

HL Monocerotis

3170. **MV Mon** Langperiodisch; $12^{m}.0$—$13^{m}.1$

Der Lichtwechsel dieses roten Sternes ist durch starke Unregelmäßigkeiten gekennzeichnet, wie sie auch durch die *B–R*-Werte zum Ausdruck kommen. Der Veränderliche wurde bereits von BERTIAU [Leiden Ann **XX**, 14; 1954] und SOLOWJEW [AZ 153.17; 1954] beobachtet. SOLOWJEW fand eine Periode von etwa 360^{d} Dauer. Die Beobachtungen von BERTIAU und auch die von mir erhaltenen zeigen jedoch, daß dieser Wert halbiert werden muß. Die angegebenen Grenzwerte des Lichtwechsels beziehen sich auf Beobachtungen auf schwach-orthochromatischen Kranz-Ultra-Platten. Der Stern ist DO 1917 (M1)

$$M = 243\ 0745 + 184.4 \cdot E$$

Max.	*E*	*B–R*	Instrument	Beobachter
242 5365:	−29	−32	A	HUTH
6315	24	− 4	A	HUTH
6680	22	− 8	A	HUTH
7045	20	−12	A	HUTH
7440	18	+15	A	HUTH
7835	16	+41	A	HUTH
9805	5	−18		BERTIAU
243 0035	4	+28		BERTIAU
0395	−2	+19	A	BERTIAU, HUTH
0735	0	−10	A	BERTIAU, HUTH
3315	+14	−12	E	SOLOWJEW, HUTH
3662+	16	−33		SOLOWJEW
4058+	18	− 6		SOLOWJEW
4370	+20	−63	E	SOLOWJEW, HUTH

A = 170 mm-Triplet; *E* = 135 mm-Ernostar

3171. **S 4048 Mon** W Ursae majoris-Stern; $14^{m}.8$—$15^{m}.3$

$m_1 = 2429634.435 + 0.63805 \cdot E$

$A_1 = A_2 = 0^{m}.5$

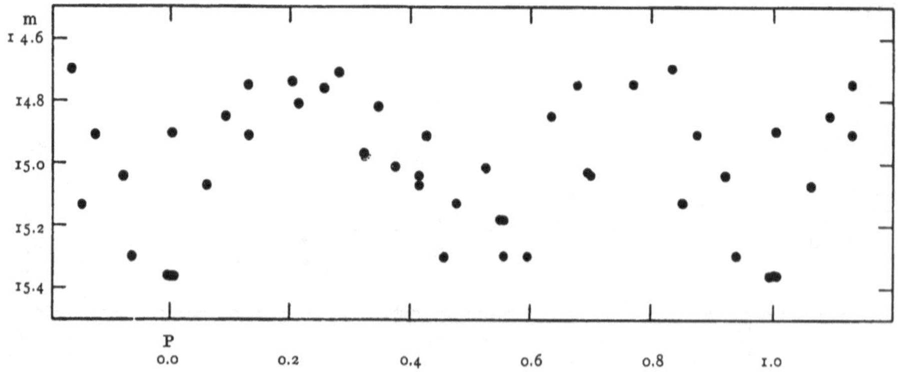

S 4048 Monocerotis

Min.	E	$B-R$
242 9578.590	−87.5	−0.016
9633.512	− 1.5	+0.034
9634.435	0	0.000
9635.427	+ 1.5	+0.035
243 0734.434	1724	+0.001
0735.363	1725.5	−0.027
0787.395	1807	+0.004
0788.381	1808.5	+0.033
0789.304	1810	−0.002
0790.324	1811.5	+0.061
1145.339	+2368	+0.002

3172. **HN Mon** Mira-Stern; $13^{m}.7$—[$16^{m}.0$

$M = 2426631 + 410 \cdot E$

Max.	E	$B-R$
2426615	0	−16
7060	1	+19
7450	2	− 1
7860	3	− 1
2430730	10	− 1

Der Veränderliche wurde nur einmal in der Maximumshelligkeit von $13^{m}.7$ beobachtet (2430730). Von E 0 bis E 3 war er nie heller als $14^{m}.9$. Eine Halbierung der Periode ist möglich.

3173. **S 4050 Mon** Algol-Stern; $12^{m}.5$—$13^{m}.1$

$m = 2430784.37 + 1.120634 \cdot E$

$D = 5^{h}.4 \qquad d = 0^{h}$

Min.	E	$B-R$
2429578.590	−1076	+0.022
9633.48*	1027	0.00
9634.60*	−1026	0.00
2430784.37*	0	0.00
0793.374	+ 8	+0.039

*Normalminima

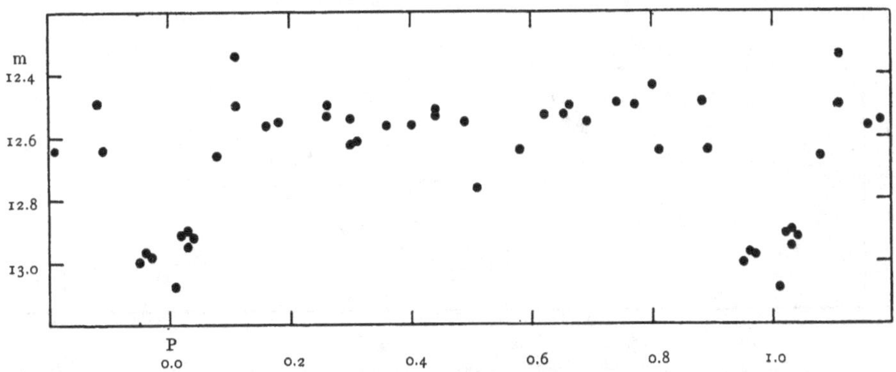

S 4050 Monocerotis

3174. S 4051 Mon Langperiodisch; $15^{\rm m}.1$—$16^{\rm m}.3$

$M = 2425641 + 324 \cdot E$

Max.	E	$B-R$
2425315	−1	− 2
5630	0	−11
5980	+1	+15
6620:	3	+ 7
8880	10	− 1
2430820	16	− 5
1145	+17	− 4

3175. S 4052 Mon RR Lyrae-Stern; $14^{\rm m}.9$—$15^{\rm m}.8$

$M = 2430735.513 + 0.333534 \cdot E$

$M - m = 0^{\rm d}.067$ Typus: RRa

Max.	E	$B-R$
2425619.463	−15339	+0.028
5645.457	15261	+0.006
6308.565	13273	+0.049
7718.640	9045	−0.058
7719.699	9042	0.000
7746.635	8961	−0.080
9633.512	3304	−0.005
9634.564	3301	+0.047
9635.515	3298	−0.003
2430734.492	− 3	−0.020
0735.475	0	−0.038
4797.320	+12178	+0.030
4825.343	+12262	+0.036

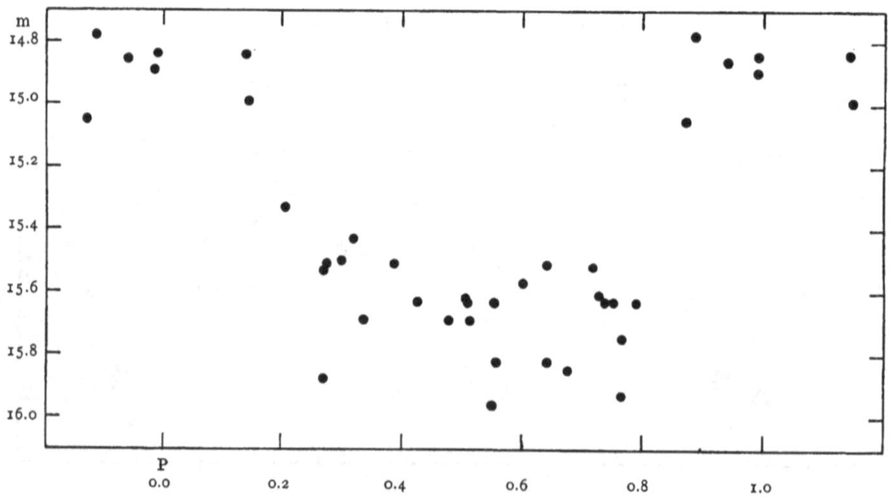

S 4052 Monocerotis

Die starke Streuung der Beobachtungen im Minimum ist zum größten Teil durch die Lichtschwäche des Sterns verursacht. Bedingt durch das verhältnismäßig breite Maximum sind die B–R-Werte ungewöhnlich groß. Ihr Gang deutet auf eine Veränderlichkeit der Periode hin.

3176. **MX Mon** β Lyrae-Stern; $11^{\mathrm{m}}.6$—$12^{\mathrm{m}}.4$

Bertiau bezeichnet diesen Stern [Leiden Annalen **XX**, 14; 1954] als W UMa-Stern mit den Elementen

$$m = 2430130.215 + 0.686456 \cdot E$$

Durch Hinzunahme der auf Sonneberger Platten gefundenen 9 Minima zeigte sich, daß die Periode etwas verkleinert und der Veränderliche auf Grund der Lichtkurve dem β Lyr-Typus zugerechnet werden muß.

$$m_1 = 2430130.215 + 0.686446 \cdot E$$
$$A_1 = 0^{\mathrm{m}}.8; \quad A_2 = 0^{\mathrm{m}}.2$$

Min.	E	B–R
2425302.460	−7033	+0.020
5322.329	7004	−0.018
6331.425	5534	+0.002
7368.631	4023	−0.012
7421.502	3946	+0.003
7472.337	3872	+0.041
9634.564	− 722	−0.037
2430784.380	+ 953	−0.018
0793.374	+ 966	+0.052

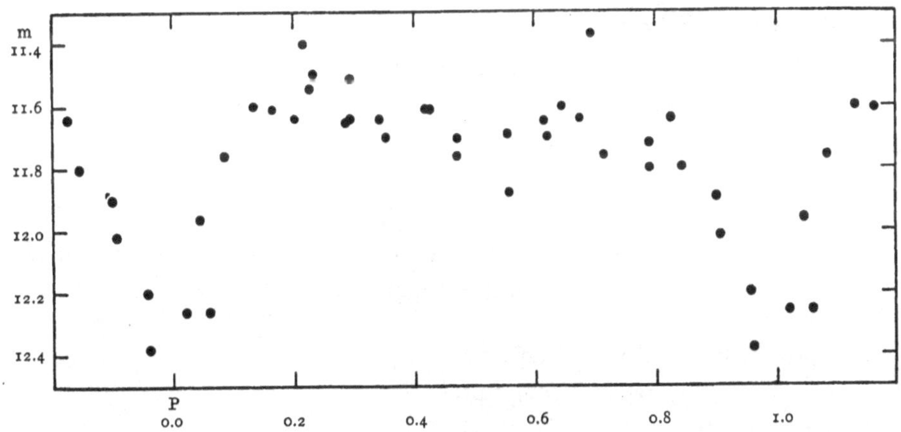

MX Monocerotis

3177. **S 4054 Mon** W Ursae Majoris-Stern? $13^{\mathrm{m}}.7$—$14^{\mathrm{m}}.0$

Infolge der geringen Amplitude war es nicht möglich, die Art des Lichtwechsels sicher zu bestimmen. Wie schon in der Entdeckungsanzeige erwähnt, lassen die Beobachtungen jedoch auf einen W UMa-Stern schließen.

3178. 65.1933 **Mon** Unregelmäßig; $12^m.7$—$13^m.5$

Der Lichtwechsel dieses von MORGENROTH [AN 249.383; 1933] entdeckten Sternes ist sehr träge. Die Amplitude reicht auf den Blauplatten des 400mm-Vierlinsers von $13^m.7$ bis $14^m.0$ und auf den schwach orthochromatischen Platten des 170 mm-Triplets von $12^m.7$ bis $13^m.5$. Der Stern ist also rot, erreicht aber in keinem Fall die vom Entdecker angegebene Amplitude von $1^m.5$.

3179. S 4055 **Mon** Algol-ähnlich; $13^m.8$—$14^m.3$

Bei diesem Stern konnte trotz dichter Reihenaufnahmen keine Periode gefunden werden. Da auch Erhellungen aus einem nicht sehr gut eingehaltenen Normallicht heraus vorkommen, ist der Veränderliche wohl als unperiodisch anzusehen.

Folgende Schwächungen wurden beobachtet:

2425299.293	2430788.462
5302.460	0789.304
5622.494	4779.436
5673.407	4810.390
6332.415	4825.343
7884.318	5129.391
9633.423	

Ein weiteres Minimum ist durch folgende Beobachtungen belegt:

2430784.338	$14^m.31$
.380	14.37
.422	14.08
.465	14.12

Beobachtete Erhellungen:

2425645.457
5650.376
6334.429
6634.616
7101.377
7131.316
7501.321
2430787.395

3180. S 4056 **Mon** β Lyrae-Stern; $14^m.6$—$15^m.0$

$$m_1 = 2430784.40 + 1.0307 \cdot E$$
$$A_1 = 0^m.4 \qquad A_2 = 0^m.3$$

Min.	E	$B-R$
2430734.434	−48.5	+0.023
0735.406	47.5	−0.036
.475	−47.5	+0.033
0784.380	0	−0.020
.422	0	+0.022

Obwohl sich alle auf den Reihenaufnahmen erhaltenen 33 Beobachtungen durch die angegebenen Elemente widerspruchslos darstellen lassen, ist die Periode als unsicher anzusehen.

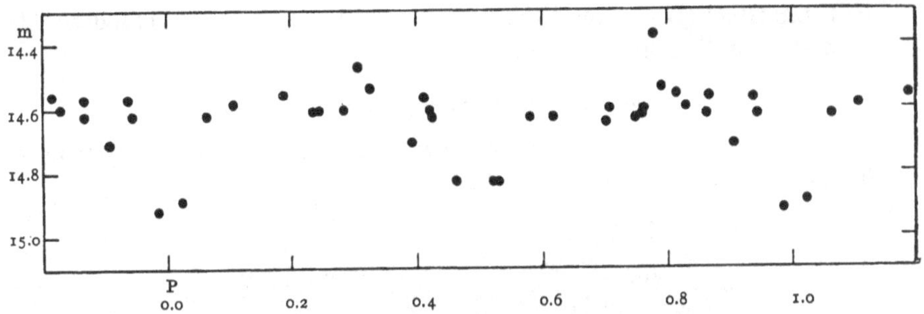

S 4056 Monocerotis

3181. **S 4057 Mon** RR Lyrae-Stern; $15^m\!.6$—[$16^m\!.2$

$M = 2430787.33 + 0.502165 \cdot E$

$M - m = ?$ Typus: RRb

Max.	E	B–R
2429578.590	−2407	−0.029
2430787.311	0	−0.019
0788.302	+ 2	−0.032
0789.304	4	−0.035
0791.303	8	−0.044
0793.374	+ 12	+0.018

Die Beobachtung dieses Sternes wurde durch die geringe Helligkeit, die auf den Reihenaufnahmen nahe der Grenzgröße liegt, sehr erschwert.

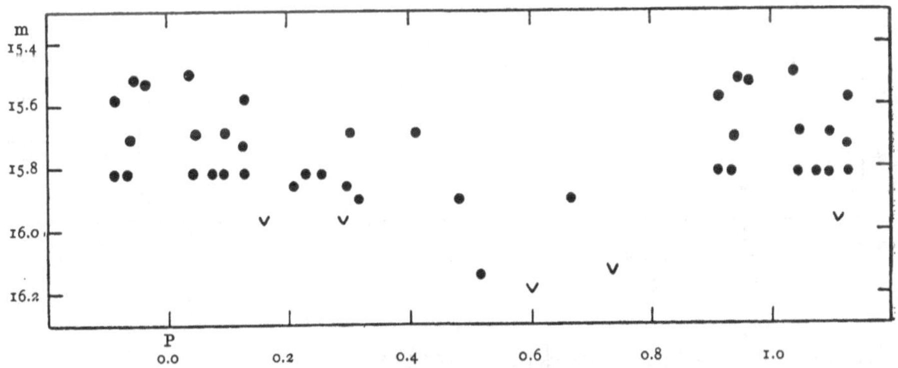

S 4057 Monocerotis

3182. **S 4058 Mon** Algol-Stern; $14^m\!.5$—$14^m\!.9$

Von diesem sehr randnahen Stern konnte auf 35 400 mm-Vierlinserplatten nur ein Minimum beobachtet werden:

2430791.303	$14^m\!.9$
.384	14.9
.427	14.9

3183. **HU Mon** Algol-Stern; 13ᵐ.0—14ᵐ.5

Der Veränderliche wurde zuerst von Ross [AJ 31.91; 1927] entdeckt und von KUROTSCHKIN [VS 6.303; 1948], HOFFMEISTER [Erg. AN 12,1; 1949] und VAN GENT [Leid. Ann. XX, 5; 1950] unabhängig wiedergefunden. VAN BUEREN gab die folgenden Elemente:

$$m = 2429640.484 + 5.88148 \cdot E$$

Auf Sonneberger Platten wurden zwei Minima und zwei Schwächungen beobachtet, mit folgender Darstellung:

$$D = 12^{h}.4 \qquad d = 0^{h}.0$$

Min.	E	$B-R$
2429634.564	− 1	−0.039
2430734.434	+186	−0.005
0787.353	195	−0.020
0793.374	+196	+0.120

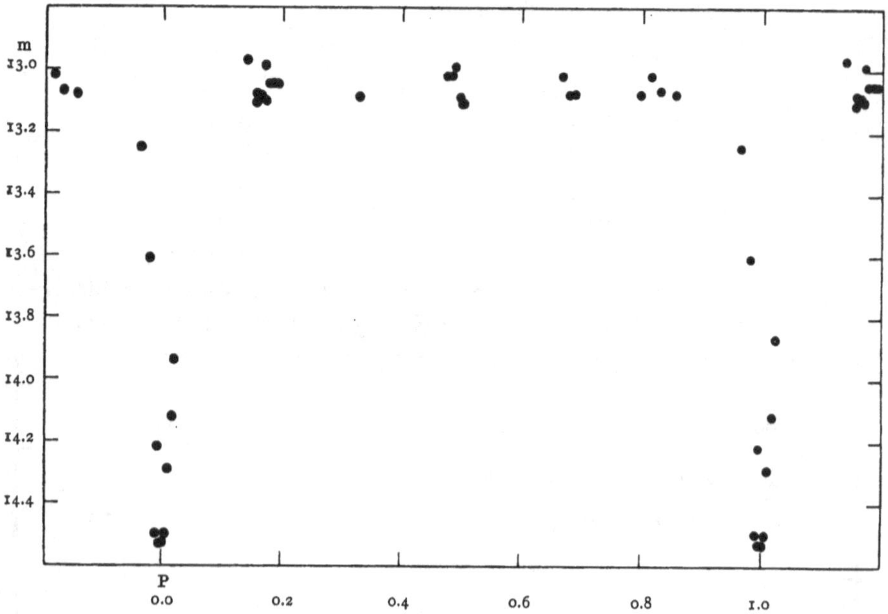

HU Monocerotis

3184. **NO Mon** Langperiodisch; 13ᵐ.4—[15ᵐ.3

Dieser Stern wurde bereits von BERTIAU bearbeitet und in Leiden Annalen **XX**, 14; 1954 mit den Elementen:

$$M = 2430108 + 133 \cdot E$$

angezeigt. Auf den Sonneberger Platten ist der Veränderliche randnah und konnte daher nur auf den 400 mm-Vierlinser-Aufnahmen beobachtet werden. Eine Schätzung bei 2429578, die den Stern hell zeigt, paßt sich diesen Elementen gut an.

3185. **HV Mon** Algol-Stern; $13^m.2$—[$14^m.7$

$$m = 2430130.3868 + 4.54851 \cdot E$$
$$D = 10^h.9 \qquad d = 3^h.3\ ?$$

Dieser Stern wurde von Bertiau bearbeitet, der auch die angegebenen Elemente ableitete [Leiden Ann **XX**, 14; 1954]. Zwei auf Sonneberger Platten gefundene Minima lassen sich folgendermaßen darstellen:

Min.	*E*	*B–R*
2429634.564	–109	–0.035
2430735.384	+133	+0.045

Der Veränderliche hat einen engen Nachbarstern ($14^m.1$), die Beobachtungen im schwachen Licht sind daher unsicher. Als Vergleichsternhelligkeiten wurden die von Bertiau erhaltenen benutzt.

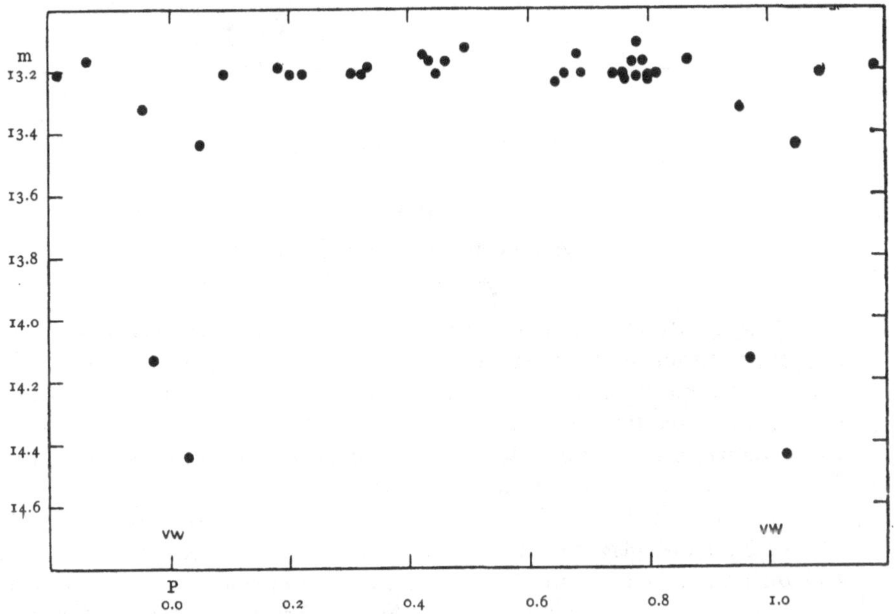

HV Monocerotis

3186. **SVS 903 Mon** RR Lyrae-Stern; $12^m.5$—$12^m.9$

$$M = 2430735.415 + 0.464331 \cdot E$$
$$M - m = 0^d.07 \qquad \text{Typus: RRb}$$

Max.	*E*	*B–R*
2429633.605	–2373	+0.047
9634.474	2371	–0.012
9635.427	2369	+0.012
2430734.492	– 2	+0.006
0735.406	0	–0.009
0787.42*	+ 112	0.000
0788.33*	114	–0.019
0789.304	+ 116	+0.027

*Normalmaximum

Dieser Stern wurde von NEKRASOVA entdeckt [VS 5.212; 1938]. Der an dieser Stelle angegebene Ort: $7^h5^m8^s$ $-4°51'.6$ (1855.0) ist falsch und muß in: $7^h15^m8^s$ $-4°51'.6$ (1855.0) geändert werden. Außerdem ist die Bezeichnung CMi in Mon zu ändern.

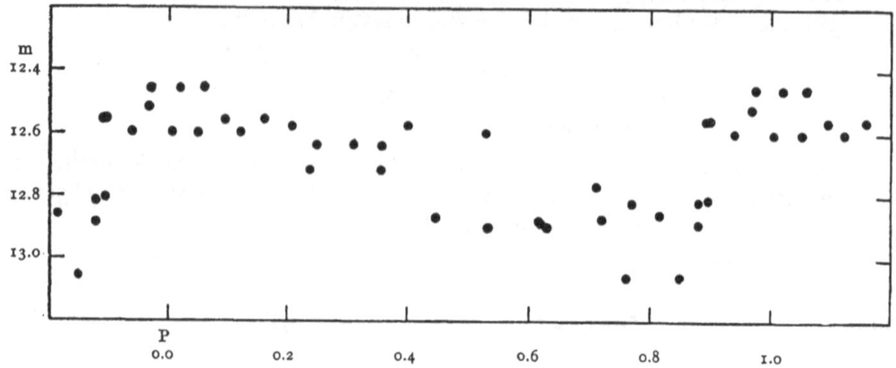

SVS 903 Monocerotis

Feld δ Aquilae

Nachbearbeitung von 10 Sternen

W. GÖTZ

Bei der Bearbeitung des Feldes in VSS 2,2 wurden einige Sterne zurückgestellt, da das vorhandene Plattenmaterial nicht zu ihrer Erledigung ausreichte. Durch die schlechten klimatischen Verhältnisse der letzten Jahre bedingt konnte von drei für δ Aquilae vorgesehenen Teilfeldern nur ein Feld mit Reihenaufnahmen der Schmidtkamera 50/70/172 cm gedeckt werden. Dieses Feld enthält die nachfolgenden 10 Sterne, deren Lichtwechsel als kurzperiodisch angezeigt oder als unregelmäßig vom Typus RW Aurigae bekannt ist. Auch zwei Algolsterne sind im Feld. Für einige Fälle reichten die Reihenaufnahmen noch nicht, um die Elemente zu bestimmen. Die Art des Lichtwechsels ist aber hinreichend bekannt. Für die Erledigung der ausstehenden Sterne sind visuelle Beobachtungen vorgesehen.

43. **V 362 Aql** RV Tauri-Stern; $13^m.1$—$14^m.7$

Der Veränderliche gehört nach KE 1943 und PEREPELKINA (VS 7,234) zur RV Tauri-Art. Die nachfolgenden Elemente wurden aus Beobachtungen auf Platten der Schmidtkamera, des 400 mm-Astrographen und des 170 mm-Triplets abgeleitet.

$$m = 2435377 + 68 \cdot E$$

Min.	Gr.	E	$B-R$	Bemerk.
2425435	$14^m.6$:	−146	−14	3
5857	14.8	140	0	2
6175	14.6	135	−22	3
6480	14.8	131	+11	3
6540:	14.1	−130	+ 3	3

Min.	Gr.	E	$B-R$	Bemerk.
243 1370	$14^m.4$	− 59	+ 5	1
1652	14.4	55	+15	2
4548	14.6	− 12	−13	3
5372	14.7	0	− 5	2
5716	14.4	+ 5	− 1	1

Bemerkungen:

1: Abstieg beobachtet

2: Das Minimum ist gut durchbeobachtet

3: Einzelbeobachtung

Auf das Minimum $E = -64$, das nach der Rechnung bei 243 1025 liegt, fallen 2 helle Einzelbeobachtungen ($13^m.5$) bei 243 1027.

54. **V 374 Aql** RW Aurigae-ähnlich; $15^m.1$—$15^m.8$

Der Stern wird in DO-Annalen 4,16 als Ne-Stern klassifiziert. Beim Vergleich einer Agfa-Astro-Platte (blau) mit einer Raman-Pan-Platte wurde festgestellt, daß der Ne-Stern nicht identisch mit V 374 Aql ist. Er fällt mit einem

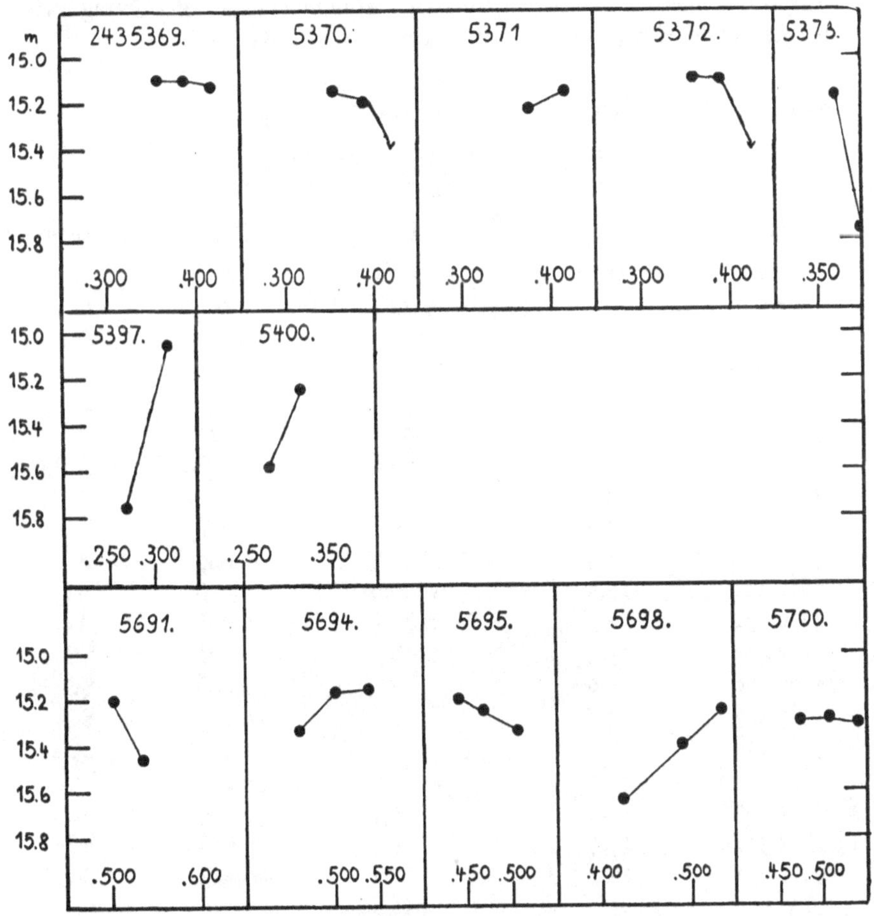

V 374 Aquilae

schwachen Begleiter von V 374 Aql zusammen. Untersuchungen auf Platten der Schmidtkamera lassen unregelmäßigen, raschen Lichtwechsel erkennen. Reihenaufnahmen zeigen Helligkeitsänderungen von $0^m.6$ innerhalb $0^d.04$. Die in VSS 2,2 angegebene Amplitude und Helligkeit ist zu groß, da auf den orthochromatischen Kranz-Ultra-Platten des 170 mm-Triplets Veränderlicher und Begleiter nicht immer getrennt sind. Auf den Platten, auf denen eine Trennung mit Sicherheit vorhanden ist (400 mm-Astrograph und Schmidtkamera), liegt die Helligkeit von V 374 Aql zwischen $15^m.1$ und $15^m.8$.

58. **V 378 Aql** Unregelmäßig; $13^m.6$—$14^m.5$

Der Stern wurde in VSS 2,2 als RW Aurigae-ähnlich klassifiziert. Auf den Platten der Schmidtkamera und des 400 mm-Astrographen (Matter- und Agfa-Astro-Platten) wird nur langsamer, unregelmäßiger Lichtwechsel mit $0^m.5$ bis $0^m.9$ Amplitude festgestellt. Eine zeitlich isolierte panchromatische Platte zeigt den Veränderlichen wesentlich heller und weist auf eine Rotfärbung des Sternes hin. Auf den orthochromatischen Kranz-Ultra-Platten des 170 mm-Triplets wurde im Gegensatz zu den neueren Ergebnissen eine Amplitude von $13^m.4$—$15^m.7$ gefunden. Eine merkliche Verfärbung zwischen Kranz I- und Kranz-Ultra-Platten wurde nicht festgestellt.

96. **80.1930 Aql** β Lyrae-Stern; $13^m.0$—$14^m.0$

$$m_1 = 2435369.358 + 0.797102 \cdot E$$
$$A_1 = 1^m.0 \qquad A_2 = 0^m.8$$

Min.	Gr.	E	$B-R$	Instrument
2431370.292	$13^m.8$	−5017	−0.005	GA
1374.280	13.7	5012	−0.003	GA
1650.457	13.4	4665.5	−0.022	GA
1670.426	13.8	4640.5	+0.020	GA
3856.408	13.5	1898.0	−0.050	A
3856.469	13.9	1898.0	+0.011	A
3856.528	13.6	1898.0	+0.070	A
3858.432	13.8	1895.5	−0.019	A
3858.485	13.3	1895.5	+0.034	A
3858.538	13.4	1895.5	+0.087	A
3870.426	13.5	1880.5	+0.018	A
3870.474	13.3	1880.5	+0.066	A
4192.436	13.9	−1476.5	−0.001	SC
5369.358	14.0	0	0.000	SC
5369.387	13.8	0	+0.029	SC
5369.418	13.5	0	+0.060	SC
5371.377	13.7	+ 2.5	+0.026	SC
5371.407	13.5	2.5	+0.056	SC
5373.372	13.9	5.0	+0.028	SC
5397.271	13.7	35.0	+0.014	SC
5691.504	13.5	404.0	+0.117	SC
5694.557	13.6	+ 408.0	−0.019	SC

	Min.	Gr.	E	$B-R$	Instrument
243	5695.438	$13^m.9$	+409.0	+0.065	SC
	5695.472	13.5	409.0	+0.099	SC
	5695.505	13.5	409.0	+0.132	SC
	5698.491	13.5	413.0	−0.070	SC
	5698.533	13.6	413.0	−0.028	SC
	5700.476	13.4	415.5	−0.078	SC
	5700.511	13.5	415.5	−0.043	SC
	5700.542	13.8	415.5	−0.012	SC
	5716.454	13.9	+435.5	−0.042	SC

GA = 400 mm-Astrograph
A = 170 mm-Triplet
SC = Schmidtkamera 50/70/172 cm

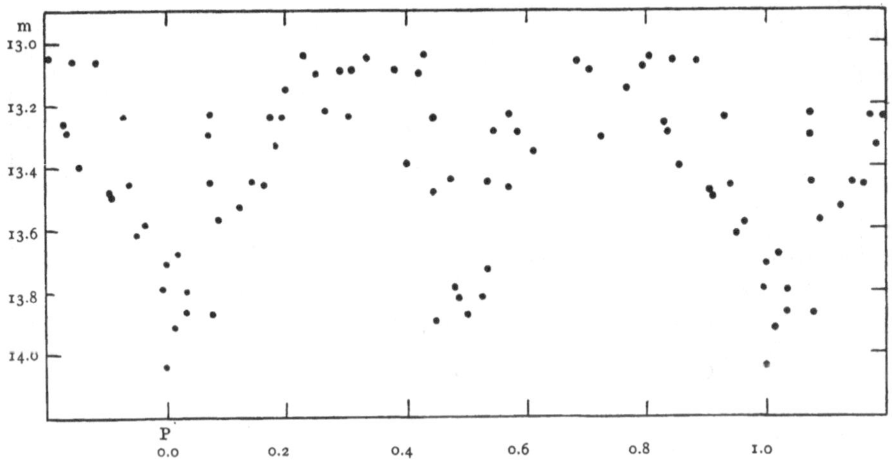

80.1930 Aquilae

105. **96.1930 Aql** RR Lyrae-Stern; $13^m.3$—$14^m.3$

Der Stern wurde auf Reihenaufnahmen mit der Schmidtkamera 50/70/172 cm untersucht. Die kleinste beobachtete Zwischenzeit der Maxima beträgt auf diesem Plattenmaterial $1^d.982$. Auf Platten des 400 mm-Astrographen ergibt sich die kleinste Zwischenzeit zu $0^d.978$ bis $1^d.007$. Die beste Darstellung der Beobachtungen wurde mit der Periode $1^d.982/4$ erreicht. Ein Anschluß der Beobachtungen auf Platten des 400 mm-Astrographen an die Beobachtungen auf den Platten der Schmidtkamera gelang nicht. Aus diesem Grunde wurden für zwei verschiedene Zeitabschnitte (auch Plattensorten) verschiedene Elemente aufgestellt.

Elemente I, Platten des 400 mm-Astrographen:

$$M = 2429458.400 + 0.4955033 \cdot E$$

Max.	Gr.	E	$B-R$
2429458.400	$13^m.25$	0	0.000
2431027.289:	13.40:	3166	+0.126
1326.437	13.50	3770	−0.010

	Max.	Gr.	E	$B-R$
243	1647.500	$13^m.75$	4418	−0.034
	1650.477	13.39	4424	−0.030
	1651.455	13.33	4426	−0.043
	1652.462	13.37	4428	−0.027

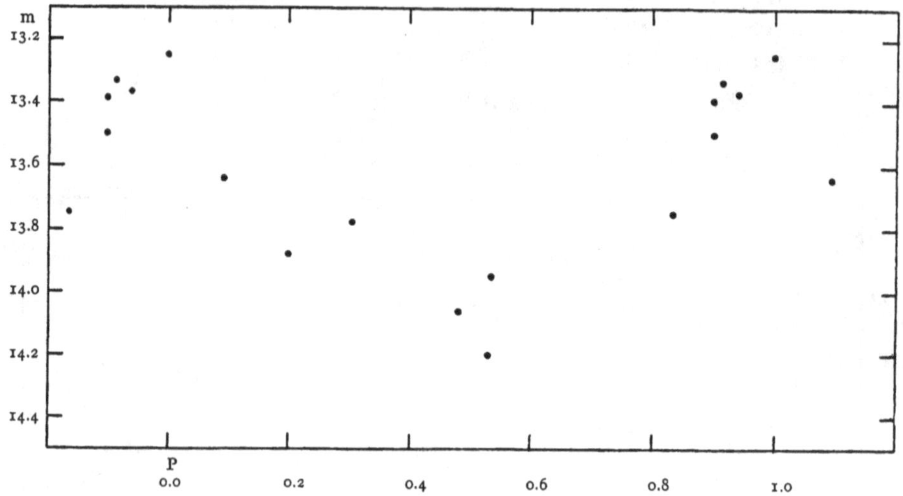

96.1930 Aquilae

Beobachtungen auf Platten des 400 mm-Astrographen

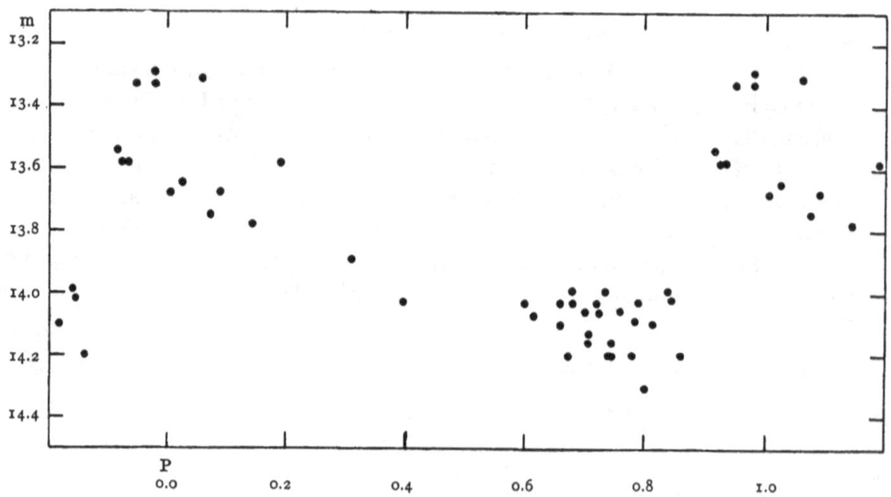

96.1930 Aquilae

Beobachtungen auf Platten der Schmidtkamera

Elemente II, Platten der Schmidtkamera 50/70/172 cm:

$M = 2434548.507 + 0.4955033 \cdot E$

Max.	Gr.	E	$B-R$
2434548.497	$13^{m}29$	0	−0.010
5331.431	13.31	1580	+0.029
5698.560	—	2321	−0.010
5700.542	13.33	2325	−0.010

$M - m = 0^{d}06$ Typus: RRa

107. **100.1930 Aql** RW Aurigae-Stern; $13^{m}9$—$14^{m}6$

Der Veränderliche wurde in VSS 2,2 als RW Aurigae-Stern klassifiziert. Sein Lichtwechsel ist zeitweise sehr lebhaft und unregelmäßig. Die Amplitude beträgt $2^{m}6$. Im Beobachtungsabschnitt der Reihenaufnahmen mit der Schmidtkamera ist der Veränderliche verhältnismäßig ruhig. Die Amplitude ist nie größer als $0^{m}7$. In der Zeit von 2435369 bis 5376 zeigt der Stern wellenartigen Lichtwechsel mit Wellenlängen von ungefähr 4^{d} und einer Amplitude von $0^{m}4$ ($13^{m}9$—$14^{m}3$). Eine sichere rasche Helligkeitsänderung von $0^{m}7$ wurde in der Zeit von 2435694.5 bis 5695.4 beobachtet. Einige Helligkeitsschwankungen von $0^{m}4$ innerhalb $0^{d}03$ sind nicht verbürgt.

111. **V 416 Aql = 286.1931** Algolstern; $13^{m}7$—$15^{m}1$

$m = 2425535.322 + 1.338053 \cdot E$
$D = 0^{p}1 \quad d = 0^{p}0$

Min.	Gr.	E	$B-R$	Instrument
2425535.319	$15^{m}1$	0	−0.003	A
6157.470	14.7	465	−0.047	A
7273.462	15.1	1299	+0 009	A
2431326.397	14.2:	4328	−0.018	GA
4548.481	14.6	6736	+0.034	SC
4548.497	14.1	6736	+0.050	SC
5371.377	14.8	7351	+0.027	SC
5371.407	14.3	7351	+0.057	SC
5375.392	14.9	7354	+0.028	SC
5700.476	14.8	7597	−0.035	SC
5700.511	15.1	7597	0.000	SC
5700.542	14.8	7597	+0.031	SC

A = 170 mm-Triplet
GA = 400 mm-Astrograph
SC = Schmidtkamera 50/70/172 cm

Die Minima $E = 0$, $E = 465$ und $E = 1299$ sind in KVBB 19, S. 33 veröffentlicht. Das dort ebenfalls zitierte Minimum 2425807.428 wurde auf einer Kranz I-Platte (rot) beobachtet und kann für die Ableitung der Elemente nicht verwendet werden. Die Schwächung bei 2426207.367 (ebenfalls KVBB 19) ist zweifelhaft, da die Aufnahme durch Wolken gestört wurde.

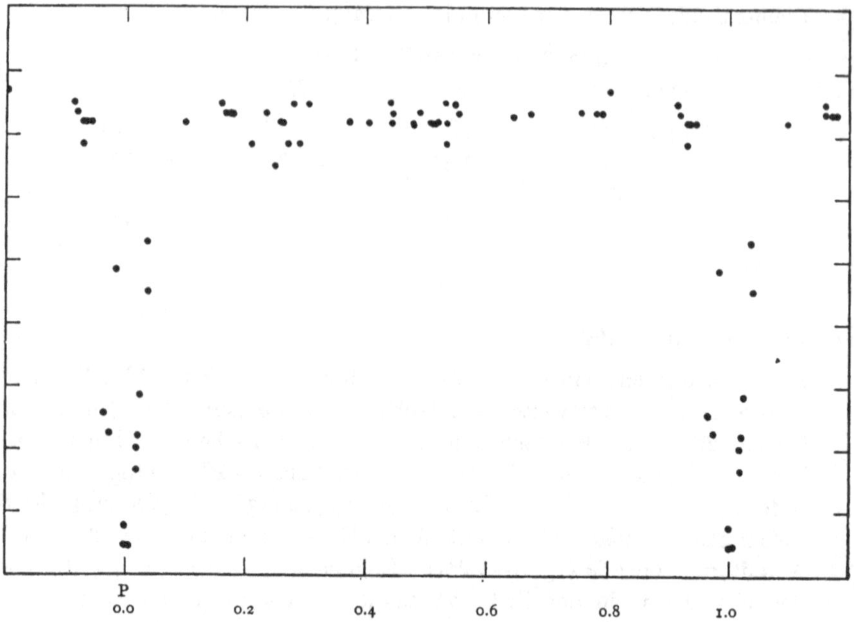

V 416 Aquilae = 286.1931

2577. **V 869 Aql** Algolstern; $14^{m}_{.}4$—$15^{m}_{.}3$

Von dem Stern wurden in VSS 2,2 4 Minima gegeben. Auf den Platten der Schmidtkamera wurde nur 1 Minimum bei 2435369.387 ($14^{m}_{.}7$), 5369.418 ($15^{m}_{.}3$) festgestellt. Für eine Bestimmung der Elemente reicht das Beobachtungsmaterial nicht aus.

3187. **S 4408 Aql** RR Lyrae-Stern; $13^{m}_{.}2$—$15^{m}_{.}2$

Der Stern steht nahe am Rande des Feldes des 400 mm-Astrographen. Die Beobachtung ist deshalb nur auf einem Teil der Schmidtspiegel-Aufnahmen und auf den Platten des 400 mm-Astrographen möglich. Die Verteilung der Beobachtungen läßt RR Lyrae-Lichtwechsel vom Typus a erkennen und weist auf eine Periode von ungefähr $0^{d}_{.}45$ hin. Wie Reihenaufnahmen bei 2435698 zeigen, ist der Aufstieg zum Maximum sehr steil. Innerhalb $0^{d}_{.}042$ änderte der Stern seine Helligkeit vom Minimum ($15^{m}_{.}2$) bis zum Maximum $13^{m}_{.}5$. Folgende Maxima wurden festgestellt:

J. D.	Gr.
243 1374.315	$13^{m}_{.}2$
5698.533	13.5

3188. **S 4410 Aql** RR Lyrae-Stern; $16^{m}_{.}3$—$17^{m}_{.}5$

$$M = 2434192.413 + 0.458874 \cdot E$$

$$M - m = 0^{d}_{.}05 \qquad \text{Typus: RRa}$$

Max.	Gr.	E	$B-R$
2434192.436	$16^{m}.3$	0	+0.023
4548.481	16.4	776	−0.018
4548.497	16.4	776	−0.002
5369.418	16.4	2565	−0.007
5370.356	16.4	2567	−0.013
5691.535	16.3	3267	−0.019

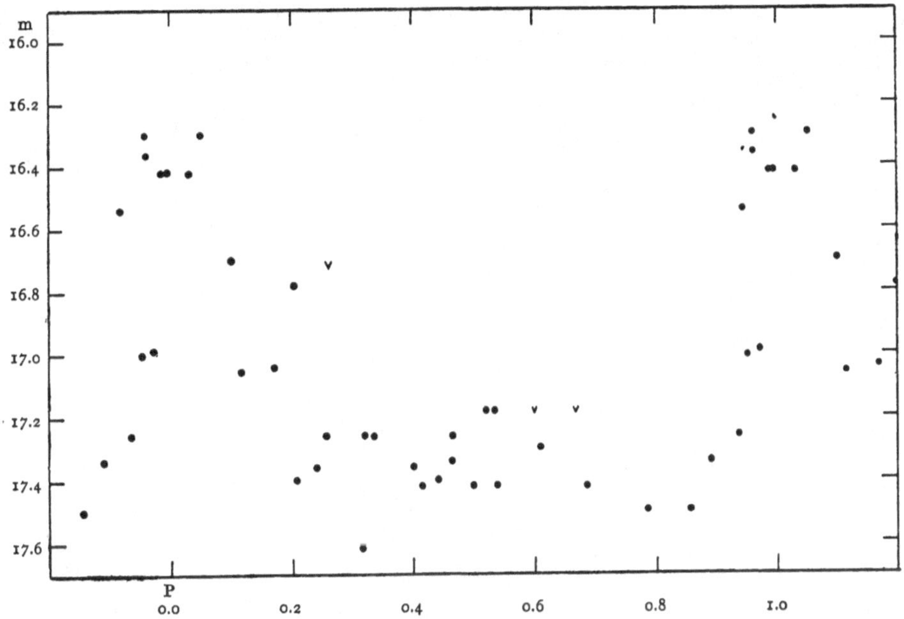

S 4410 Aquilae

Die abgeleiteten Elemente sind unsicher, da relativ wenige Aufstiege zum Maximum vorliegen. Der Anschluß an Beobachtungen auf Platten des 400 mm-Astrographen ist nicht gelungen.

FSC
www.fsc.org
MIX
Papier | Fördert gute Waldnutzung
FSC® C083411

Zeitfracht Medien GmbH
Ferdinand-Jühlke-Straße 7
99095 Erfurt, Deutschland
produktsicherheit@kolibri360.de